资深理性情绪行为疗法治疗师
给所有成年人的情绪修复指南

**The Four Thoughts That
F*ck You Up ... and How
to Fix Them: Rewire How
You Think in Six Weeks
with REBT**

成熟的人满足生活的需求，
不成熟的人则让生活来满足他们的需求。

[英] 丹尼尔·弗莱尔（Daniel Fryer）著
房莹 译

你为何总被情绪左右

6周学会理性情绪行为疗法（REBT），
重塑思维模式，告别消极情绪

上海社会科学院出版社
SHANGHAI ACADEMY OF SOCIAL SCIENCES PRESS

图书在版编目（CIP）数据

你为何总被情绪左右：6周学会理性情绪行为疗法（REBT），重塑思维模式，告别消极情绪/（英）丹尼尔·弗莱尔（Daniel Fryer）著；房莹译 . -- 上海：上海社会科学院出版社，2024

书名原文：The Four Thoughts That F*ck You Up ... and How to Fix Them: Rewire How You Think in Six Weeks with REBT

ISBN 978-7-5520-4270-2

Ⅰ.①你… Ⅱ.①丹… ②房… Ⅲ.①情绪—自我控制②精神疗法 Ⅳ.① B842.6 ② R749.055

中国国家版本馆 CIP 数据核字（2023）第 224985 号

Copyright © Daniel Fryer, 2019
First published as THE FOUR THOUGHTS THAT F*CK YOU UP ... AND HOW TO FIX THEM by Vermilion, an imprint of Ebury Publishing. Ebury Publishing is part of the Penguin Random House group of companies.

上海市版权局著作权合同登记号：图字 09-2023-0720 号

你为何总被情绪左右：6周学会理性情绪行为疗法（REBT），重塑思维模式，告别消极情绪

著　　者：[英] 丹尼尔·弗莱尔（Daniel Fryer）
译　　者：房　莹
责任编辑：赵秋蕙
特约编辑：黄珊珊
封面设计：知行兆远
出版发行：上海社会科学院出版社
　　　　　上海市顺昌路 622 号　　邮编 200025
　　　　　电话总机 021-63315947　销售热线 021-53063735
　　　　　https://cbs.sass.org.cn　E-mail: sassp@sassp.cn
印　　刷：河北鹏润印刷有限公司
开　　本：880 毫米 ×1230 毫米　1/32
印　　张：9.5
字　　数：200 千
版　　次：2024 年 9 月第 1 版　2024 年 9 月第 1 次印刷

ISBN 978-7-5520-4270-2/B · 343　　　　　　　　　定价：59.80 元

版权所有　翻印必究

目 录
Contents

前言 成年人的崩溃，只在一瞬间？　001

在这一章里，我会与诸位稍事寒暄，诚心"引诱"您读下去。我会给大家讲一个搞笑的小故事，是关于我如何发飙的，满心期待它是"鱼钩"上的"诱饵"。

PART 1　毁掉你的四种消极想法　013

1. 僵化教条的绝对需求："必须""应该""绝不能"　015

在这一章我们会了解到，"绝对需求"是对某件事情表现出的一种执念。它困扰着你，因为除了达成目标，你没有任何可以转圜的余地，是不是如此？我很懂你。

2. 戏剧化夸大事实："糟糕""太可怕了""这绝对是场噩梦"　031

也可以说是"大惊小怪"或"小题大做"。有的人遇事喜欢做足戏码，或者过分宣泄。这样做时，不仅当事人自己濒临崩溃，也会让周围的人为之心力交瘁。

001

3. 低耐挫力:"我忍受不了""我做不到" 043

你"承受不了"的事情是会毁掉你的;然而,人们却每天都在忍受那些他们号称"承受不了"的事。让我们找出其中诡异的谬误。

4. 贬低自我、他人以及全世界:"垃圾""狗屎""一无是处" 060

世上没有任何一个人或者一件事,可以被称作是完全没用的垃圾、一无是处的废物,或彻头彻尾的失败。在这一章里,你不仅会学习如何摒弃那些有损自尊的字眼,还将了解这种做法的好处。讲真的,不要再说自暴自弃的话了。

PART 2 帮助你的四种积极想法 075

5. 可以灵活变通的选择:"我希望某事发生,但如果没发生,也可以接受。" 077

同样是你对某件事表达出的某种需求,只是更为理性。你希望、期待或者想要得到什么,这些想法和欲望都十分合理,只要你接受自己生活在这样一个世界,一个你不可能想要什么就有什么的地方。虽然可悲,却是事实。

6. 反糟糕化的洞察力:"某事不好,但不至于糟糕至极。" 090

你想不想看清问题的本质和真相,而不是小题大做或者让事情看上去比实际情况更糟糕?想试试吗?好极了,你想找的方法就在这一章。

目 录

7. 高耐挫力:"虽然情况困难,但我能应对。" 103

如何从生活的困境和崩溃中迅速复原?在这一章中,你会学习如何直面逆境,培养自己思想和情绪上的韧性,然后你会发现,自己远比想象中要强大。

8. 无条件接纳:"我只是既有价值又会犯错的普通人。" 114

你是一个既有价值又会犯错的普通人。你担得起这样的描述。没错,你就是这样一个人,而其他人也都同你一样。世上凡事皆如此,既有价值,也会出错。我们将揭晓,为什么心怀这种信念既有利于增强自信,又有助于放下怨怼的情绪。

PART 3 只用六周时间,利用理性情绪行为疗法,重新梳理你的想法 127

9. 第一周:理性情绪行为疗法,一个巧妙的计划 129

同时把握理性情绪行为疗法和"ABCDE 心理健康模型"。因为这项特殊的心理疗法同时具备了哲学理论基础和独立的体系架构。没有多少心理疗法能做到这一点。

10. 第二周:如何挑选并拆解问题 148

任何事情都不像表面看上去的那般复杂,至少根据"ABCDE 心理健康模型"可以做到化繁为简、条分缕析。我们不仅可以鉴别出那些"毁掉你"的想法,还能帮你找出,这些想法触发了哪些不正常的情绪和行为。

11. 第三周：质疑你的想法是否正确　180

提升思考和领悟能力，学会对自己的想法进行质疑。这并没有听上去这么危险。

12. 第四周：所说即所得　197

发展情绪理解能力。在这一章，你将会了解，所有说服都是"自我说服"，然后你将会很好地利用这一能力。

13. 第五周：重复，重复，重复　217

重复是关键。这一过程冗长乏味，我明白。但只有通过重复，我们才能学会某项技能；只有通过重复，我们才会精通某事。我本可以将此话重说一遍，但放心吧，我不会这样做的。

14. 第六周：给"失控"加点儿"料"　238

治疗过程可以是有趣而令人享受的：拿出些魄力、气力和幽默感来切切实实改变你思考、感受和行动的方式吧。

15. 完成六周目标后，下一步做什么？　261

完成一个目标后多少总有些失落感，是不是？总是会陷入一个"那我现在该干点什么"的境地？我将在本章回答这一非常合理的问题，并给你些许引导和提示。

16. 心理咨询中常被问到的问题 273

从"这有用吗?"到"如果没用怎么办?",以及其间的各种疑惑。你提问,我回答。

17. 结语 287

本章是我对理性情绪行为疗法的深思,为何写成此书,以及为何我很高兴你读到它。

致谢 294

资源 295

前言　成年人的崩溃，只在一瞬间？

生活是否幸福取决于思想的品质。

——马可·奥勒留

见过我的人都认为我非常冷静、温和，甚至称得上气定神闲。了解我的人却记得以前我是个没有耐心、性情乖戾的暴脾气，那时的我还没开始学习和实践心理学知识，尤其是最特别的那个学派。

极少数记得我曾经脾气暴躁的人，都知道一个在我身上发生过的故事。有次开车，我与另一个司机上演了一场街头追逐大戏。在此之前，我刚给这辆车让了道，不过随后，我马上又超车将他们逼停在路中央，然后跑到车前，用力砸着司机的车窗，向车里的人大声喊道："下次再有人给你们让路，要记得表示感谢！"

司机一脸惊恐，用力点头，不敢作声。见此情景我才走回自己的车，然后平静地开车离开，尽管自己因大发雷霆而头痛欲裂。

这并不是我人生的高光时刻。

我要为自己辩解一下，此人已经是我主动让道的第三个司机了。

这条路又长又窄，我也十分憋屈。不过这件事发生在很久以前，谢天谢地，一种优秀的心理疗法让我改头换面，多年来每当我陷入沮丧，它就站出来为我指引方向。

我第一次接触理性情绪行为疗法是在2005年。可想而知，我是在学习一门课程时了解到它的，当时我是一名执业心理治疗师。

以前，我在出版行业工作，是一名记者，真正了解何谓紧张、压力和"死线"。那时候的我别提有多"健康"了。后来，我觉得心理治疗或许能让情况得到舒缓。惊喜的是，的确如此！我曾在（充满压力的）伦敦工作，几年前搬到了（没什么压力的）布里斯托尔。在此期间，我领养了一头比特犬，她是我从巴西特猫狗之家解救出来的。不知不觉中，我让她成了一条心理治疗工作犬，竟然还在圈里出了名。如今，她拥有了自己的专题报道和特写，不过她仿佛并不把这些当回事。但私下里说，我觉得她很享受这种备受瞩目的感觉。

回溯到2005年，当时我已经从事了一年多的催眠治疗师的工作，我想建立并巩固自己的知识体系。理性情绪行为疗法是一个体系性强、目标明确的心理疗法，着眼于解决那些既定情境下困扰着你的想法，并提供更多有帮助的替代方案。聚焦解决方案和实效性，这一疗法关注你所处的境况以及你想达到的状态，然后为你搭桥铺路，助你实现目标。

这一课程的导师们本身就是有经验的治疗师，他们每周都会讲解这一疗法的不同方面，然后发掘不同话题。他们会经常让学生走上讲台做志愿者：帮助演示不同方面的问题，然后将疗法投入实践。

"选一个真正亟待解决的问题，"导师们说道，"这样的话不仅能聚焦于你自己的问题，还能得到一手资料，体验独特的治疗模式带来的疗效。"

但是，这些志愿者们向来不能提供任何真正的问题。他们太紧张，会编造出一些假问题，抑或提供一些伪命题；他们甚至表演别人的问题，假装是自己的，你是可以看出端倪的。

一天，一个学生提供了一些供演示用的案例；他坐在教室前面，导师问他想要解决什么问题。

"好吧，"他慢慢说道，目光投向教室中央，陷入即将分享案例的回忆和沉思状态，"我经常不能及时清理家里的鱼池，我想知道这是为什么。"

下面的听众发出不满的抱怨声，导师则惊呼道："哦，老天。没有人会花大价钱找你来解决这样的问题。那么，还有没有人能提供一些真正需要解决的问题？"

踌躇间，我举起了手。

"你想要解决什么问题？"导师问我。

"一个关于愤怒管理的问题。"我说。

导师的眼睛瞬时亮了起来，"具体怎么回事？"他问。与此同时，十多名同学的目光齐刷刷地投到我身上。

"我不喜欢拥挤的地方，"我说道，"我讨厌高峰期的交通堵塞。我讨厌别人加塞到我前面，挡住我的去路，不管是走路还是开车。我讨厌拥挤的站台或者火车；我讨厌在购物中心买东西或者去音乐大厅；而且我讨厌足球比赛或者节日；我甚至讨厌别人走路太慢。基本上，我讨厌所有有大量人群聚集的场所以及类似的地方，既不喜欢去那种地方，也不喜欢在那里扎堆或者停留。"

"那又是什么让你觉得这是一种不健康的愤怒管理问题，而不是一种普遍的受挫心理？"他问道。

"这个嘛，"我说道，脸上微微发烫，"我经常低声咒骂。我还会大吼大叫或者大发雷霆，而且我经常像狗熊一样对人咆哮。一旦我发起火来，还会抓着对方，然后把他一把推开。如果我真的非常非常生气，上面所有的事我都做得出来。

"哎哟，"导师说道，"这可是真正的愤怒管理问题，那么请到教室前面来。"

他问了我一些关于为何对"拥挤"感到愤怒的问题，并且在非常短暂的时间内，尝试推断出我愤怒的根源所在。从这一点出发，通过理性情绪行为疗法的工具和理论，他很快就找出了四种"毁掉我"的想法。

在此课程期间，我一直致力于研究并解决这四种想法，面对四处拥挤的人群，我的心态渐渐松弛了下来，再也没有嘀咕、吼叫、咒骂、咆哮、伤人或者捶打车窗之类的行为了。[1]

但是，理性情绪行为疗法究竟是什么？能达到怎样的效果？是如何帮助你以更合理的方式来思考、感受和行动的？

---

[1] 实话实说，你不久就会发现，事情会是这样的：好吧，也不是完全没有过，差不多算没有吧；好吧，几乎没有；(大约)没有。回忆中一两次偶然事件也是意料之中。(本书中未做特别说明的注释均为作者注)

理性情绪行为疗法的英文首字母缩写是"REBT"[1]，它是认知行为疗法的一种形式，通过简捷却巧妙的方式让人达到精神健康。在此治疗过程中，"诱发事件"（Activating event-A）触发人们对该事件所秉持的"信念"（Beliefs-B），然后导致了该事件带来的"后果"（Consequences-C）。你需要对之前持有的"信念"进行有力的重复性"质疑"（Dispute-D）。这种治疗会达到一种效果，让你对原有的诱发事件产生"有效的理性视角"（Effective rational outlook-E）。这就是有名的心理健康的"ABCDE模型"，之后我会进行更详尽的阐述。

这一模式也能帮你找出，到底是哪些不健康的想法引发了你的无助情绪和行为，并使你对这些情绪和行为进行质疑；同时，也可以帮助你去构建和强化一系列更为合理的思想，带来并塑造更健康的情绪和行为。

人们对事件所秉持的"信念"中，存在四类不合理认知（会毁掉你），以及四种健康理性的认知（帮助你在面对逆境时保持冷静），这些我们会在本书的第一、二章来进行阐释。[2]

20世纪50年代中期，一位名叫阿尔伯特·艾利斯（Albert Ellis）的纽约心理治疗师最先创立和发展了理性情绪行为疗法，这种疗法比起"认知行为疗法"[英文名称首字母缩写为CBT，由心理治

---

[1] 理性情绪行为疗法：Rational Emotive Behaviour Therapy，首字母简写为REBT，心理学界翻译为理性情绪行为疗法，是由美国心理学家阿尔伯特·艾利斯（Albert Ellis, 1913—2007）创立的一个认知行为疗法流派。——译注

[2] 这两章可以帮助你抵御"会毁掉你"的想法。

疗师亚伦·特姆金·贝克（Aaron T.Beck）创立］还要早上十年，虽然后者更常用于临床心理治疗。很遗憾，阿尔伯特·艾利斯已经离开我们了（他于 2007 年逝世），但他的疗法还在。他曾经，甚至至今仍被认为是心理疗法领域里一位被湮没的英雄。1982 年的一份对美国、加拿大心理学家的专业调查显示，阿尔伯特·艾利斯在历史上最具影响力的心理治疗师中排名第二，弗洛伊德则排在第三位。

回溯两种心理疗法的创立与发展，理性情绪行为疗法开始时被称为"理性疗法"（RT），而认知行为疗法则叫作"认知疗法"（CT）。之后，它们分别发展为相似却又独立的两个分支，同属认知行为疗法这一主干。在实施心理疗法时，心理治疗师很少澄清患者正在接受的是"贝克治疗模式"还是"艾利斯治疗模式"，但是一般来说，患者接受的应该是"贝克治疗模式"。这一点十分令人惋惜，因为理性情绪行为疗法的哲学理念和治疗体系易于讲解，便于操作，并且能够极为巧妙地将患者从愤怒、焦虑、抑郁以及其他不计其数的不健康的负面情绪和行为中拯救出来。

本书就是要坚定地为认知行为疗法的这一分支模式——理性情绪行为疗法摇旗呐喊。这是一种除了心理治疗领域的专业人士外很少有人听说过的心理治疗方法（一些正在接受以此为主要治疗模式的人对其也都不甚了解）。这一疗法被广泛认定为"认知行为疗法"的第一模式，于我个人而言，这是"认知行为疗法"中最为有效的一种模式（当然，其他人和其他治疗师有持不同意见的自由）。

和所有的认知行为疗法一样，理性情绪行为疗法是一种循证实践[1]。这意味着，多年的研究和实践已经成功论证了这一疗法能够非常有效地治愈各种心理疾病。本书将会讨论四种不合理的信念，与之相关的治疗案例也同样精彩，例如关于"上瘾"以及所有看上去难以戒掉的坏习惯。事实上，简单地在"谷歌学术"上输入"REBT"，就会生成一串绚烂耀眼的搜索结果，让你完全投入其中。

这些年来，通过观察个人或小组治疗案例，我总是被人们的改变所打动。这些变化是积极正向的，他们利用理性情绪行为疗法高效对抗了生活逆境并解决了危机问题。相当一部分患者曾这样对我说："我要是早点接受这一疗法就好了！"或者"真希望几年前就知道了这一疗法。"

现在理性情绪行为疗法方面的书籍很多，但并没有很多人关注到这一疗法的奇妙之处。因此，本书不仅要歌颂这一认知行为疗法的分支，更要为它摇旗呐喊、广而告之："快来看呐，理性情绪行为疗法！多么奇妙！如果你想解决烦恼，或者你想帮助他人解决烦恼，它真的可以帮到你！"在之后的章节，本书会向你展示如何来实施这一疗法，一共分为三个部分。

第一部分将向你介绍会"毁掉你"的四种想法。这是四种具有代

---

[1] 循证实践（evidence-based practice，EBP）肇始于20世纪70、80年代的循证医学。其字面意义为"遵循证据进行实践"，是实践者针对知识消费者（泛指实践者所服务的个人或群体，依据情境的不同，也可以将其称之为病人、顾客或来访者等）的具体问题，在消费者的主动配合下，根据研究者提供的最佳证据及管理者协调制定的实践指南、标准或证据数据库等所进行的实践。——译注

表性的不合理信念，在理性情绪行为疗法看来，它们几乎是所有类型的心理障碍的关键所在。

第二部分会讨论四种理性的替代行为，让你停止"毁掉自己"的行为，增强心理愉悦感。

同样，这两部分也会带领大家一起，以一种全新的视角来审视自己的生活，以及生活中遇到的所有问题、面临的各种挑战。你将会了解到，如何对自己看待事物的方式做出全面的、哲理思维上的提升。

本书前两部分所使用的案例既简单又互相关联，或许看上去有点儿重复，不过是有原因的：第一，重复是关键（稍后也会提及）；第二，为了突显出如何做到系统性地减弱整套不合理信念的影响，强化与之相对的合理信念，我会统一拿一套较为简单的信念做靶，对其进行全面攻击。

第三部分会深入到本书的精髓：帮助你通过短短六周时间解决一个具体的情绪问题。

是的，你没看错，仅需要六周时间（如果你勤奋点儿的话），你就可以重新整理思路，以完全不同的方式来处理一个问题和挑战。

但是，这里有两个附加条件：第一，这一问题越具体越好；第二，这一问题只能是一般程度的心理障碍（如果有严重的心理障碍，我的建议是要去接受心理治疗）。比如说，社交焦虑就是一个具体问题，例如怯场、失业或失恋带来的沮丧，对某一特定的人或事感到愤怒，还包括猜忌自己的另一半或对情感关系缺乏安全感。

"六期"是一个神奇的时间跨度，几乎所有的健康保险公司都喜欢，主要因为这一字眼隐匿于"英国国家临床优化研究院（NICE）"

指南的某处。这所研究院隶属于"英国国家医疗服务体系（NHS）"，旨在制定和提供用来改进社会医疗健康服务的指南和建议。经研究院确认，"六期"为一个合理的时段，可以应用于治疗一系列轻微至中等程度的具体疾病[1]。另外，就个人经验而言，我也曾仅用六个周期就帮助过许许多多人控制住了他们的焦虑、愤怒管理、抑郁和猜忌伴侣等方面的问题。

需要注意的是，如果你已经产生了临床症状（例如临床抑郁症），或者你正在经历当下的或近期的精神创伤，那么最好去求助专业心理治疗，而不要依赖此书。

临床症状不是你心中执念造成的结果，而是由一系列复杂的因素导致的，其中包括环境、境遇、大脑化学物质等等。就这类情况而言，请恕本书无能为力，你需要通过其他的方法去解决。另外，本书会用一些幽默的方式来传递专业信息，这种表述不会减少或降低你正着手解决问题的努力程度，而是会帮助你向前迈进。幽默是一种非常好的心理治疗工具，但对那些已经出现临床症状的人——比如说抑郁症患者，并不是最佳治疗手段。

理性情绪行为疗法同样可以用于解决或治愈心理创伤，但它更适用于那些为某件事"纠结"的人，他们感觉很难摆脱掉之前发生过的一些事造成的心理困扰。如果你当下正在经历精神创伤，去咨询专业

---

[1] 理性情绪行为疗法和认知行为疗法是一种简洁的疗法；这意味着一期治疗只会持续几周到几个月，而不会长达数年。在两种疗法中，六个月的治疗期一般被认定为简短；因此，"六期"确实非常简短了。

人士要比读这本书有用得多。心理咨询师会为你提供一个安全的空间来释放自己的情绪。如果你正值心理创伤或者打击，对你来说，幽默感和你正在经历的真实情绪确实很有距离，这反而会带来悲伤。在经历死亡带来的心理打击时，"悲伤辅导"或许比本书更适用于你。

因此，除却已经出现临床心理症状和正在经历心理创伤的情况，如果你觉得自己可以确定一个具体的心理问题，而这一问题处于轻微至中等的范围之内，那么请继续阅读本书。如果不是，请移步寻求专业心理医师进行咨询。

本书的第三部分给出了解决问题的步骤，会帮助你一步步确认和解决特定的心理问题，直到你找到行之有效的解决方案。

在这一疗法中，从第一周到第六周，你都会有"家庭作业"，作业内容是一些你要去读、去写、去想、去做的事儿。本书相应章节中都有可供书写的空白之处。但是有些人不喜欢在书上写字把书弄脏，有些人甚至认为这样做会遭天谴。如果你恰巧就是其中一员，建议你在阅读该章节之前买一个笔记本或日记本。你也可以从我的网站上下载到可供填写作业的表格：www.danielfryer.com。

这本书里有各种各样的趣闻轶事（其中一些情节是有意重复或互相关联的），不仅有我如何进行"自我愤怒管理"的真实经历，还有我从业近十五年来通过理性情绪行为疗法对自己和他人进行治疗的真实案例。别担心，为了保护这些无辜患者，我已经把名字替换掉了。另外，我也没怎么指名道姓[1]。

---

[1] 只不过那么一两次而已。

利用这本书，你会学到如何更灵活地适应困境和挑战，如何看清问题的本质（而不是夸大事实真相或难度），还会学到如何更积极地接纳自己和他人，认识到每个个体都是瑕不掩瑜的。

如果你遵循了本书的指导，我不能保证你面临的人生压力会更少，但我可以确保的是，你处理起这些压力来会更有效。简言之，你会学到如何不让逆境"毁掉"自己。而当我们谈到那四种会"毁掉你"的想法时，最"毁人不倦"的想法莫过于对某件事的某种欲望……

想要看看其中一种想法吗？

PART 1
毁掉你的四种消极想法

僵化教条的绝对需求:"必须""应该""绝不能"
戏剧化夸大事实:"糟糕""太可怕了""这绝对是场噩梦"
低耐挫力:"我忍受不了""我做不到"
贬低自我、他人以及全世界:"垃圾""狗屎""一无是处"

1. 僵化教条的绝对需求:"必须""应该""绝不能"

> *成熟的人满足生活的需求,而不成熟的人则让生活来满足他们的需求。*
>
> ——亨利·克劳德

论及能"毁掉你"的四种想法,头号公敌就是教条式的"绝对需求"。任何困扰你的情绪和行为背后(例如,如果你思考、感受和做事方式让自己感觉不爽,却又总是改变不了),都潜藏着你对某件事持有的"绝对需求"。但是究竟什么是"绝对需求"?

在理性情绪行为疗法中,"绝对需求"具有特定含义:这是一种困扰着你的僵化而教条的信念。这种执念的形式可以通过一些词语表现出来,比如说,"必须""绝不能","应该""不应该",还有"不得不""一定得"。至于"僵化而教条",则指那些你深信不疑、相信其绝对正确的想法和信念。这是一种定律,植根于你头脑深处,坚定不可动摇,神圣不可侵犯,永远不可被打破。(否则的话就会大难临头！）你需要达成某种需求并且只能是这一种需求。这是一种非常绝对的信念，绝不允许其他选项的存在。听起来是不是非常极端？

这通常是一种僵化刻板的表达，表现出对某件事的极端欲望。因此，"我希望拥有"变成了"我必须拥有"，这就导致了一定的后果，也影响了你的所有行为。你对某个人、某种情况或某件事所持有的不合理反应的背后，是你对这些人和事持有的"绝对需求"。在本书第三部分，我将会给出一个框架，来帮助你放下这些执念。但是现在你只需要知道，当这四种"毁掉你"的念头出现时，"绝对需求"是罪魁祸首。

以"守时"——一种对准时的需求——为例，在这种欲望背后，是一种已然建立起来的严格且绝对的信念：必须凡事准时。我的意思是，绝对，在所有情况下，每一次，无论如何，没有讨价还价的余地。

这就让"守时"成了一种教条的"绝对需求"，在这种需求下会产生事事务必准时的执念。想要做到准时当然是极好的，这不是问题，问题在于"我必须时时刻刻都做到准时"这一信念。

一个教条式的"绝对需求"会在几个层面上让你感觉非常糟糕。首先，它经常是不现实的。这种要求如此严苛而绝对，不留一丝余地；字面上的唯一一个选项。这种信念确实很疯狂，因为它容不得一丁点儿延误。而实际上，延误是时不时（或者说经常）出现的。比如此时此刻，当我在写这章文字时，正坐在从布里斯托神庙去往伦敦帕丁顿的火车上,而火车却延误了[1]。

教条式的"绝对需求"也是不合逻辑的。做一个守时的人非常棒,但如果非得坚持必须准时,这就不合理了。

最后,这类需求不会帮到你,反而会困扰你甚至毁掉你。它们会搅乱你的思想。务必次次准时的"绝对需求"不会改变你有可能偶尔会迟到的现实,但却意味着你无法妥善处理这些迟到。

这些执念极其荒谬,也无益于事,不会为你带来任何良好的心理状态(例如,它们会让你要么生气,要么焦虑,要么沮丧),而且并不能帮你达成目标。简言之,你会因此垂头丧气,因为这些念头不能适应真实情况,不合乎逻辑,也对你的现状无益。

在深入探讨需求失调的问题之前,我想谈一谈那些不会让你感到困扰的需求。因为在理性情绪行为疗法领域和你的内心世界以外,"必须"和"应该"这类字眼儿是会经常出现的,而且无伤大雅。

不会让你感到困扰的需求

世界上存在一些经过验证的绝对需求,比如那些不可违背的科学规律。我最喜欢的一条就是万有引力定律,因为其中包含一项真实的需求,即"升上去的东西一定会掉下来"。这条定律不会让你或任何人感到困扰,这只是一种客观现实的陈述。这里,在地球上,如果没有物理学和数百万磅火箭燃料的帮助,任何升上

---

[1] 根据你看问题的不同角度,这种事可能是讽刺,也可能是意味深长的巧合。

去的东西都会掉下来。

现在,假设我们是朋友,一起在阳光下散步聊天,一切都很美好。经过一家户外咖啡店时,我突然叫道:"天哪,你必须尝尝海盐焦糖玛奇朵。"

首先,你可能会斥责我是个饮食精致主义者,小资到竟然知道有这样一种饮品。不过接下来,更重要的是,这句话里也有一个"必须"。而我绝对没有想要用自己的需求和想法去打扰任何人,我只是想做一个推荐:试试这种特别的咖啡,味道有点儿意思,仅此而已。

依然在一个"你我相识"的场景里,想象一下,你邀请我吃晚餐,我稍微迟到了点儿。你知道我已经开车出来一段时间了,可是还没有我的消息,所以你给我打了个电话。"对不起,"我说,"刚才有点堵车,现在路况好多了,如果路况一直这么通畅的话,我应该在大约20分钟后到。"我再一次给出了一个"需要"(在这个例子中,我用到了"应该"二字)。不过,这也不是一个会干扰我们的"绝对需求"。我只是给出了一个预期,只要道路继续保持畅通,我认为会很快到达目的地。

我们也有一些所谓的"理想化需求"。在理想世界中,人们不会乱丢垃圾,不会杀人,也不会有无家可归者,所有事情公平公正,人人平等。但遗憾的是,我们并不生活在这样的理想世界中。人们会乱丢垃圾,有人会滥杀无辜,而无家可归的问题也越来越严重,世界绝非公正和平等。无论如何,人们会在谈话中表达出一种"理想"状态,这是完全合情合理的。没必要压住他们的话头然后说:

1. 僵化教条的绝对需求:"必须""应该""绝不能"

"啊哈,这是一种'绝对需求',你不能这么表达。"[1]

我们提出的大多数一般性要求都是基于日常的、有条件限制的需求:为了产生 XYZ,一定要发生 ABC。假设,我和大多数人一样,也是坐火车去上班,怀揣着一种"必须时刻准时"的信念。要知道,火车可不是最值得信赖的交通工具,至少在英国不是。现在,想象一下,我搭乘着的这一交通工具,向来不是因为准时而名声在外。怀揣"必须准时"这个绝对需求的我甚至在上车之前就要焦虑发作。事实上,我可能会更倾向于选择搭乘比正常情况下早一班的火车,仅仅为了得到一种安全感。在每一次火车似乎慢下来或者要停下来的时候,我也非常有可能受到困扰。

但如果我告诉你,我必须准时,是因为我正要赶去出席一个重要的会议,或者参加一个下午两点开始的工作面试。我给出了原因,如此就是"有条件的需求":因为 XYZ(赶上重要的会议或准时参加工作面试),所以需要 ABC(准时)。这阐述的是一种实际情况的需求。

生活和周遭人群对你提出了很多"有条件的需求",这些需求会影响你的时间观念、社交生活,规划能力,甚至你的幸福感,但是否受到这些条件的困扰,还是取决于你自己。

所以,不会给你带来困扰的"要求"包括经验性需求、建议、预期、理想性需求和有条件的需求。你可以提出这样的"需求",遵循自己的内心,或多或少地接受那些来自他人的"需求"。

---

[1] 如果你告诉某人说绝不能做出某种表述,那这也是一种执念。你真淘气!

回到那些困扰你的"绝对需求"上

"必须"和"绝不能","应该"和"不应该","不得不"和"一定得",它们都算得上"绝对需求",困扰着你,使你感到焦虑和沮丧,因为这些需求严苛、不现实、没逻辑又没益处。

在理性情绪行为疗法的过程中,在四种让你抓狂的想法中,这些"绝对需求"是你需要关注的首要问题。在暴怒的背后,存在着你对某件事的"绝对需求";在恐慌来袭的背后,隐藏着你对某件事的"绝对需求";在你抑郁、嫉妒和成瘾的背后,同样暗藏着你对某些事的"绝对需求"。

"Cherchez le must.(必须寻得)"阿尔伯特·艾利斯如是说。他并不是法国人,不过这句话是法语与英语的结合,意为:总在自寻"需要"。如果你对自己的思考、感受和行为方式感到不满,却无力改变,那就是:总在自寻"需要"。事实上,从现在开始,只要你觉得自己的思考、感受和行为是不合理的,就要尝试后退一步想想:"我的绝对需求是什么?"

例如,如果你和伴侣因为洗碗的问题发生争执,你对伴侣不尊重你而感到生气,你的需求点就是"我的另一半必须尊重我";如果你和上司谈话时感到焦虑,担心自己在他们面前失态,那么你的需求点是"我一定不能在我的老板面前像个傻瓜";如果你有电梯恐惧症,最怕"被困在电梯里",那么你的需求点将是"我绝不能困在电梯里";如果你是一个完美主义者,那么你的需求点就是"力求凡事尽善尽美";如果你害怕不能掌控全局,你的需求点就是"控制";如果你一想到"会焦虑"就立马开始焦虑,那么你的需求点就是"不要焦虑"。我可以继续列举,但是我希望到此已经说明白了。

弄明白你的需求点在哪儿,试着搞清楚在特定情景下,到底是什么真正困扰着你。例如,如果你跟伴侣或者同事生气,问自己:"我究竟在气什么?"如果你对某些事感到沮丧,问自己:"在这件事里,最让我感到挫败的是什么?"一旦你认清了那些最困扰你的事,并给它们贴上了"绝对需求"的标签,那就是你已经产生了不健康的信念。一旦找到自己的"绝对需求",你就能改变它。

回到多年前,我在教室里做志愿者分享个人案例的时刻,那是我第一次在心理治疗的过程中提及自己对人群和拥挤的场所的"热爱",最让我生气的——正如导师很快就察觉判断出来的)——就是"别人挡了我的路"。我真的不喜欢这种情况出现。而让我如此生气的却是一种信念:我的欲念让我产生了一种僵化刻板的意识,不达目的誓不罢休。简单来说,"毁掉我"的想法就是"别人绝对不能挡住我的路"这一"绝对需求"。[1]

我是认真的:任何地方,任何时间,任何人,绝对不能挡我的路。

---

[1] 这不是我生活中唯一一个需要用理性情绪行为疗法来解决的问题,甚至不是最严重的困扰,这仅是唯一一个我乐意在20多个充满好奇心的同学面前展示的问题而已。

挑战你的"绝对需求"

在理性情绪行为疗法中，我们会学习如何挑战自己的信念，合理的、不合理的都包括在内。我们对不合理信念发出挑战，弱化之，使其濒临崩溃，同时强化那些健康的信念。当不合理信念崩塌时，那些光明灿烂的信念将取而代之。自然界不喜欢真空的存在，如果你不用健康的念头来做替补，那么自会有另外一些不健康的、甚至更为恶劣的信念乘虚而入。

在理性情绪行为疗法中，挑战自我信念又被称作"质疑"。我在上文中提到过，那些"绝对需求"是脱离实际、毫无意义、于你无益的。"质疑"就是理性情绪行为疗法用于证明这一观点的实际行动。

挑战信念的办法有许多，但若进行质疑的话，"三问"优先。这些问题是：

1. 这个信念是真实的吗？
2. 这个信念合理吗？
3. 这个信念对我有益处吗？

真实、合理和有益处，抑或——如果你想要个高大上的说法——经过证实的，有逻辑性以及具有实效的问题。

经过证实的意思是，要基于或涉及观察和经验，或可被观察和经验所验证；有逻辑性的意思是，要遵循逻辑法则或经过论证推理，抑或足够清晰，听起来有理有据；最后，具有实效意味着务实且合理地处理事情。

因此,"这个信念是真实的吗?"是一个科学的提问:它需要被证明,需要有证据。无论你给出怎样的答案——"没错,这些信念是真实的",或者"不对,这些信念是假的"——你都要用事实依据来支撑你的回答。

"这个信念合理吗?",这一问题要求被质疑的观点和需求听起来是合理的,或者符合大部分常识。仅仅因为我觉得(此处插入一件事)就得出(此处插入一个结论),这样合乎逻辑吗?

最后,"这个信念对我有益处吗?",这一问是"问题三重唱"中最理所当然的一员。如果你正在阅读本书,那么最有可能促使你这么做的一个原因就是:心中有一个心理治疗目标。因此,简单问一下自己:"这个信念能帮助我的行动变得更明智而实际吗?我的信念能帮我达成这一目的吗?"

这些问题可能听上去很简单,在一定程度上也确实如此。但它们也是十分理性且实际的——直击靶心的问题。正因为它们异常理性,因此可以在各个场合派上用场;并非只在心理治疗中才用得到。无论是在数学、科学、哲学以及法律中,还是在国内各地活跃着的辩论队中,在任何地方,任何人需要支持一个观点或一段论述时,都可以用这三个问题来质疑和审视。

假如我是一名科学家,我成功完成了一项实验,这项实验将会颠覆爱因斯坦的相对论。我一定会觉得自己真的是聪明绝顶!更重要的是,我会把自己的实验写成论文发表在期刊上。因此,我会把实验结果拿给自己的同行传阅。他们会做的第一件事就是求问论据。如果我什么都没有,或者论据是有缺陷的,那我就是在胡说八道。但如若我能够提供切实有力的论据，那么我就跨过了第一道坎儿。我接下来要面对的"进攻"是实验的逻辑性。我的研究是否合理呢？从我的假定中得出的结论是否有逻辑性？如果答案是否定的，我就不能发表论文。但是如果我的观点自始至终都合乎逻辑，我就跨过了另一个坎儿。最后，我们来看实效性和可行性这一问题，我的实验有用吗？它是否在之前的研究基础上有所拓展？如果不是，那我只能夹紧尾巴乖乖回家老实待着；而假若它带来了新东西，假如它是基于爱因斯坦原有的理论并在其上有所推进，那么我们就做对路子了。现在，我们就要沿着这个思路来验证一个"绝对需求"。

"绝对需求"不真实：因为你持有证明其不真实性的证据

让我们一起来审视这个"绝对需求"——"我必须凡事准时"。这怎么可能是真的呢？延误事件每天都会上演：火车晚点、公交车晚点，交通拥堵、车辆途中停滞都会导致延迟；甚至因为你至亲至爱的人没能及时做好准备，事情也会被耽搁。如果你曾经因为任何原因而被延误，如果你曾约会迟到，那么"我必须凡事准时"就不是真的。你的延误，你曾经迟到的事实，就是证据。

当我询问他人"必须凡事准时"这一论断是否属实时，人们经常会回答"是的"。当要他们拿出证据来支持这一声明时，他们会引用这样的例子："如果我迟到了，结果会很糟糕"，"我的老板不喜欢我迟到"，"我不喜欢自己迟到"或者"我迟到的话就会很抓狂"。不过，这些说法并不能证明"必须凡事准时"是一个真实事件，只是强调你个人为什么偏好准时。

一些人也尝试通过声明"他们老板要求他们必须准时"来证明"我必须凡事准时"是真实的。但是，这意味着，要么你的老板持有僵化而教条的"绝对需求"，要么他们在向你下达一个含有现实条件限制的要求。如果是后者，他们在告诉你必须准时，否则就会怎样怎样（否则我就会生气，否则会耽误时间，否则我会扣你工资，否则我会让你加班等）。

老板怎么想、怎么觉得和怎么做，你对此并不负有任何责任；而他们持有怎样的信念（理性的或者其他的），你也无须对此负责。你只需对自己在老板面前如何思考、如何感受和如何作为负责任。

他们对你的刻板要求（如果他们是这么做的）并不正确，你对自己的刻板要求也不是真实的：不要对任何人提出一成不变、不可动摇的要求，这才是真命题。请看下面的案例：

我是个光头（胡子还在）。十多年前，我开始掉发。在我二十五六岁的时候，我就知道自己的发量已不可救药，所以把头发剪得很短。或许是因为我主页上的个人照片吧，这么多年来，有很多谢顶或者正在谢顶的年轻人来我这儿接受心理治疗。因为日渐稀少的头发，他们感到焦虑、郁闷或者缺乏自信。

"可是我不应该秃顶啊！"许多人在我的诊疗室惨叫道，"我爸爸不是秃顶，我爷爷不是秃顶，我也不应该是呀！"遗憾的是，他们虽然比我年轻，但脑袋上的头发却常常比我的还少。而那一颗颗大光头就是很好的证据，证明他们的这一要求是不真实的。

经过证实的要求是真实的。举一个我最喜欢的例子，万有引力，或者"上去的总会下来"。如果我向天上扔了一个球，它会掉下来。如果我扔个上百次或者无数次，它仍会每次都掉下来。我可以告诉你，我上周往天上扔了个球，还可以告诉你，我下周准备往天上扔个球。它之前会掉下来，之后也会掉下来，百分之百会掉下来。在地球上，这是不会被打破的定律。

如果你的要求是受到尊重，那么你必须证明你在任何时刻都能得到百分之百的尊重。如果你做不到，那么你的要求就不具有真实性。如果你需要的是掌控，那你就必须证明你在任何时刻都能够做到百分之百的掌控，也就意味着你一丝一毫都不能放松掌控。做不到吧，是不是？

你可以要求电梯尽量不要卡住，但却阻止不了这类事情的发生。因此，只要你在某时某刻搭乘了电梯，被卡在电梯中的情况就有可能发生。只要能提出相反的证据，任何要求都能被反驳得体无完肤。

国家法律和《圣经》也不是绝对的，它们是有条件的。有一条非常重要的规定是"不得杀人"。作为一个要求，这也不是绝对真实的，因为，令人悲伤和遗憾的是，这世上每天都有人被谋杀（或者因意外丧命）。国家法律实际上说的是"你不能杀人，否则你就要进监狱"。[1]

---

[1] 如果被抓了的话。

"绝对需求"不合理：世界的运行方式不是这样的

你知道阿拉丁和神灯的故事吗？这是一个中东的民间传说，也是《一千零一夜》中的故事。简单来说，就是一个可爱的街头淘气少年阿拉丁在冒险时发现了一盏神奇的油灯。当他摩擦灯身时，就会出现一个精灵，承诺帮他完成三个愿望。

"如您所愿。"精灵说道。

想一想，如果你拿到这样一盏灯，会许个什么愿。

"我想要赢乐透大奖。"你说。紧接着，精灵动了动手指，愿望实现了。看哪，你的身边满满都是钞票。

"我想要一辆阿斯顿·马丁DB9。"你说道。嘀！精灵又帮你圆了梦。然后你一脚踏上油门，将这个优雅又性感的金属怪兽开上了公路。

"我想要准时，"你又补充道，"所有事情都要准时。"嘀！妖怪又实现了你的愿望。然后你呢，从此安全而放心地生活在一个再也没有迟到发生的世界里。

你可以想象自己从此无欲无求的样子吗？取决于你不同的人生态度，要不就是天堂，要不就是地狱。然而从现实角度看，世上既不会有精灵，也不会有神灯，世事并不都会如你所愿。心想事成绝非这个世界的运行方式。

只因为你想要什么，你就必定能得到什么，这种想法是不符合逻辑的。你或许想要赢一个乐透大奖，但这并不一定意味着你必须赢。你很可能赢不了大奖，因为这只是一场碰运气的游戏：希望是一回事，可要求其实现是另一回事。从逻辑上来讲，这两者并没有直接关联，只是其中有着千丝万缕的关联。首先，你得先买张彩票。

你或许想要一辆崭新的阿斯顿·马丁DB9，但因为你希望拥有，所以就一定会拥有，这在逻辑上是不成立的。这是两码事，逻辑上没有直接联系。同样的，这两者之间也只是有不少关联而已：你是否出得起首付？能否付得起月供、保险和其他养车费用？[1]

其他要求也是如此。别忘了，"绝对需求"只是一种对某件事刻板而僵化的欲望表达。想要准时、喜欢掌控、希望从另一半那里得到更多尊重，或者想要拥有更浓密的秀发，这些想法都是没有问题的，但这些仅仅是希望，之后并不会出现顺理成章的"必定拥有"。

如果你持有一个不可动摇的要求，那么你的声音就不可能是有理有据、合乎逻辑的。

"绝对需求"不会帮助你：来看看你都得到了些什么吧

所有的刻板要求都会促使你做出某种行为，于人于己好处全无。如果你要求凡事必须准时，那么在面对一场不可避免的延误时，你能做的只有抓狂和崩溃。你有可能不仅会早到，还会早得不可思议。比如，早到两个小时只为了获取心理上的安全感。你

---

[1] 猜猜看，如果我这本书成为畅销书的话，我要买啥？

也可能成为我写这一段时正在观察的那群人，低声咒骂，或者怒斥列车长，或者朝着手机大吼道："是的，汤姆，火车又刚刚好晚点了。我知道我不在就乱套了，你可千万给我顶住。"[1]

如果你要参加一个考试，要求自己必须通过，这就会让自己陷入焦虑：你会复习不好，睡不着，然后考试当天的表现也会比平时差。（前提是你还得有力气撑着考完，有的人甚至直接哭着弃考了。）

你或许希望另一半对你更加尊重，如果得不到尊重，你会特别生气甚至开始发脾气。然后你就会陷入一场争吵，结果是谁也不会尊重谁。你可能要求完美，但支配你的将会是对失败的恐惧，而不是那种想要做好的积极动力。你被肾上腺素操控，一旦不能达到既定标准，就会陷入绝望。对你来说，只有完美和失败两个选项。另外，如果你自始至终都要求凡事尽在掌控之中，那么你的所作所为将会把自己变成一个崩溃的控制狂，你还会暗自担心自己最终是不是会变成老妈那样子的人。[2]

让我产生怒气的要求"其他人绝不能挡我的路"也不是真实的。有的人无意中撞到过我；有的人踩过我的脚；有的人在我前面没理由地停下；还有的人站在熙熙攘攘的商店门口聊天，而我此时正好需要通过店门；有的人打翻过我的饮料，全部洒在我身上；还有人硬是插队到我前面。这些统统都是证据，证明我的要求是不切实际的。

---

[1] 这些都是我这趟火车旅程中真实发生的事。

[2] 你知道自己是谁。

别人不要挡在我前面，这对我来说非常有意义，但由此推断出"他们绝对不能"就是没有意义的。（不过我确实很希望如此。如果在我行进过程的路上没有人，我进的商店也空空如也，那就太爽了。）这是一个很美好的想法，却没什么道理可言。希望是一回事，但"绝对需求"是另一回事。

最后，这种信念并不能帮到我。它只会让我生气、怒吼、咒骂、咆哮、揪住别人衣领，正如我前面讲过的，这不是一种合适的行为，虽然当时的我感觉理直气壮。

现在你明白了。教条式的"绝对需求"是一种困扰着你的僵化信念（会引发你情绪和行为上的问题）。这种要求不是真实的，没有意义，也不能帮你获得"必须"得到的东西（事实上，你会因此更加不可能得到你想要的）。这些"绝对需求"是对某件事的执念，当谈到四种会"毁掉你"的想法时，它绝对是罪魁祸首。

所以，有没有解决办法呢？可以消除这种不合理信念吗？可能改掉这种不健康的要求，并且用更有用、更有益、更合理的想法来替代它吗？答案是：没问题，可以办到。不过要等到阅读到本书的第二部分才能找到方法，因为论及"毁掉你"的四种想法，"绝对需求"只是冰山一角，还有其他三种想法，我们要来看一看。下一个不合理信念就是"戏剧化夸大事实"。

持有"绝对需求"的人也会有夸大事实的倾向……

2. 戏剧化夸大事实:"糟糕""太可怕了""这绝对是场噩梦"

世上之事物,本无善恶之分,思想使然。

——威廉·莎士比亚

"糟糕""噩梦"或者"灾难",诸如此类的词是不是你的常用词汇?是不是还有"可怕"和"全完了"?如果答案是肯定的,那么是时候该丢掉它们了。有些人,当他们怀有某种"绝对需求"时,就会把这些问题"灾难化"。他们会把遇到的麻烦问题或者可能难以实现的要求变为一场彻头彻尾的表演。

在词典中,"糟糕"一词具有特别的含义,用来形容某件事特别恶劣或者令人不悦,例如"天气很糟糕"或者"别去那儿吃饭,那家馆子的菜很糟糕"。这个词还被用来强调某件事的程度,特别是一些不愉快或者负面的事情,就像"天哪,我简直是个糟糕的傻瓜"或者"你听说那件发生在简身上的事了吗?真是太糟糕了"。

031

尽管如此，在理性情绪行为疗法中，"糟糕"的含义却非常不同。它意味着事情比正常情况要坏很多。如果你"糟糕化"某件事，那这件事就不只是"坏"的程度，而且是灾难性的恶劣——世界末日来临般的恶劣，那种"没什么能更坏"的恶劣，就好像你最可怕的噩梦变成了现实。简言之，"糟糕"在理性情绪行为疗法中等同于百分之百不可救药的"坏"。

"糟糕"会困扰你，因为这意味着，某件事或某种情况对你来说要多坏有多坏，一个不能实现的要求所带来的后果要多坏有多坏。有一些人会在特定场景下产生"糟糕"的感觉，比如在持有某种"绝对需求"的时候，例如"凡事必须准时"。如果不处在会触发他们产生"绝对需求"的场景，或者这些要求得到了实现，他们就不会觉得"糟糕"，而对已发生的事件的恶劣程度，自然会秉持更为理性的判断和理解。

但是还有一些人，会更普遍频繁地进行"糟糕化"，甚至是以"日复一日"的频率。对他们来说，每件事都是噩梦，每件事都好可怕，每件事都意味着末日来临。可能在你的家人、朋友或同事中，你就认识这样的人：这类人，无论在何种情况下总能发现事情最坏的一面，总会乐于指出事情恶化的可能。不管你是和他们谈论商业投资，还是买了什么新东西，或者一次度假什么的。他们是那些你绝不敢告知任何消息的人，因为担心他们的负面情绪会让人扫兴。对于生活的"糟糕者"来说，生活中全是阴暗面。

这么多年来，我的患者中的很多人都承认或者最终认识到自己是这样一类人："糟糕者""最坏打算规划者"和"长期的悲观主义者"。在诊疗室里遇到"戏剧化"行为并不出人意料,但我有一种高超的本事,能在诊疗室之外的很多地方,尤其是公交车站,吸引到这样的人。我不知道他们为什么会挑选我来吐槽,我穿的T恤上面又没有写着"心理治疗师"什么的,可这种事确实在前几周刚发生过。

一天,在我遛狗的时候,一场倾盆大雨突如其来。我跑到附近的公交车站避雨,一位瘦小的老太太早已等在了里面。我浑身上下都湿透了,我的狗也是。这位老太太看着我咂咂嘴。"你见过那样的天气吗?"她猛地歪了一下头问道。

"嗯,是吗?"我迟疑地回答道,以防她所指的并不是这显而易见的天气,彼时我们都在还算安全而干爽的车站的庇护下,共同见证着这场倾盆大雨。

"真糟糕,是吧?"她发表意见道,"我可从没见过这样的天气。"

她所表达的并不是"糟糕"在词典里的含义,因为她不只是单纯发表评论而已,她所使用的是"糟糕"在理性情绪行为疗法中那个充满宿命感的定义。

她谈起天气的时候,肩膀一点点耷拉下去,语调缓慢而低沉。这场大雨着实让她很苦恼,她重重地叹息着。

"呃……"我含糊地应了一声。

我决定不去提昨天的暴雨,还有上星期的、再前一周的,还有之前我们印象中任何一场几乎每周一次的倾盆大雨,因为,要知道,这里是英国,天气本就如此阴晴不定。

"简直太糟糕了。"她又重复道,然后陷入了沉思。我们俩都在等着雨停,天空中布满了让人不爽的乌云,而我们都拿这场暴雨无可奈何。"糟糕化"很可能终结一场谈话。

对这样的人来说,每场大雨都糟糕透顶。每次热浪来袭,每次交通堵塞,每次约会被放鸽子,每笔水电账单,还有每个负面消息都可能不只是坏事,而是最最坏的事。有事情出错了,就不仅仅是错了,而是全都毁了。这类人要么一直处在负面设想中,要么就处在高度不安中,一不小心,身旁的你也会被传染上这种情绪。

诊疗室内外、特定环境和日常生活中,人们可以"糟糕化"任何事:对某人某事求之不得,别人对自己说话的方式,生活的蹂躏,等等。

诚然,"可怕"和"糟糕"这样的词似乎已经成为我们日常对话的一部分。有的人进门的时候或许就会随口说道,"看看这糟糕的天气"或者"你看起来很糟糕,约翰。你还好吗?",不过这些话并不会困扰到他们(或其他人)。在理性情绪行为疗法的语境下,"糟糕"一词——及其近义词,可怕、噩梦、毁灭等——是常常庸人自扰的一类人的惯用词,他们声称或坚信事情远比实际情况坏得多。因为这种对事件严重程度的极端评判,会使这些人变得烦躁易怒、郁郁寡欢,或者时常感到焦虑。

就拿服用娱乐性药物来说吧,很多人都会这么做,一些人嗑药是为了高兴,他们不是瘾君子,只是偶尔服用娱乐性药物。不管选择什么药,这只是他们丰富多彩的社交生活的一部分。然

2. 戏剧化夸大事实："糟糕""太可怕了""这绝对是场噩梦"

而，有些人嗑药则是为了逃避生活的痛苦，他们坚信这些痛苦来自生活中可怕的现实。他们排解烦恼的方式仅限于嗑药（或者酗酒、赌博、纵欲等等），可能因为他们坚信除此之外别无他法。这些人很有可能从此上瘾。这就是"万事皆糟糕"可能带来的后果。

"质疑"是我们的朋友

无论是持有某种执念，还是有"万事皆糟糕"的念头，我们都要去做一件事：质疑它。我们把它拿到光明的理性阳光下，然后扪心自问："等等，这个想法真实吗？它确实合理吗？可以帮我实现目标吗？"

我们想知道，有没有证据或者是能通过观察或者经验证明这些说法。我们想强调这些说法背后的原因（或者缺乏的原因）。我们还想要知道，这些论断是否能帮助我们合理而有效地解决问题，抑或适得其反。那么，我们来质疑吧。

想想"谢顶"这件事（别忘了我也是其中一员）。"谢顶很可怕。"很多人坚称，"我的人生完了。"被他们当作"谢顶很可怕"的证据有："我不喜欢秃头""秃顶让我看起来很不男人""我喜欢浓密的头发""我找不到对象了""人们会议论我""掉的头发堵住了水槽"等等。

请记住，在理性情绪行为疗法中，"可怕"意味着百分之百的坏事，是你能想到的最恶劣的事。确切来说，你想不到比这种事

035

更糟糕的了。但是"谢顶"并不是最糟糕的事,你可以想到很多比"谢顶"还要糟心的事。比方说,在这件事中,没人生病,没人受伤,没人死去。简单来说,这还不是世界末日。

你不过是秃顶,仅此而已。每件你能想到的,比脱发还要糟糕的事情,都可以佐证"谢顶"不是"糟透了"。

但我也得到过一些反馈可以证明,"谢顶"是件坏事(起码可以算是坏事了),反正来到我这儿的男人们没有一个喜欢掉头发的,他们还能确切地指出掉头发带来的消极后果。然而我们不能仅因为一件事不好,就立马得出它"糟透了"的结论。"坏事"和"糟透了的事",其实是两码事。"坏事"存在于"恶劣"的范围之中。从0.01%到99.99%[1]。回想每件你能想到的事,那些不好的、消极的事,都处在这一范畴里。可以与你置于此范围里的其他坏事一较高下。而"糟透了"处在一个绝对独立的100%状态,不现实更不合理。如果你不喜欢谢顶,那这件事便处于"坏事"的范畴中,但却并不算"糟透了"。"坏"是一件事,而"糟透了"是另一回事,二者截然不同。

对"谢顶糟透了"深信不疑,并不能给你带来任何帮助。你只是把问题想得比实际情况更严重。怀揣这种想法的人为不可避免的脱发问题感到痛苦。他们会忽略那些觉得他们其实很有魅力的人,因为他们正忙着评判自己没有魅力,花大价钱治疗脱发却

---

[1] 数学家和统计学家可能并不认可这一数值范围(已然如此),但这一数值范围并不追求科学上的精准度,而只是一个比喻性范畴,用于设置一个参考点。

2.戏剧化夸大事实:"糟糕""太可怕了""这绝对是场噩梦"

起不了太大作用。每次把事情"糟糕化"都会夸大事实。

成语"小题大做""大惊小怪"正是此类行为的真实写照。这就是"糟糕化"的所作所为,将问题放大,对小事添油加醋。简言之(就像我的一位患者在咨询后的第二天就意识到的那样),它让你变得多少像个"戏精"。[1]

我的一个朋友觉得很难和母亲进行正常对话,因为她母亲就是这样一位"戏精"————一位惯于夸大其词的"糟糕者",一位絮絮叨叨的"祥林嫂",一个对已经发生、正在发生和未来有可能发生在她身上的坏事喋喋不休的人。"聊些高兴的事呗。"我的朋友会弱弱地来上这么一句,在母亲的滔滔不绝中见缝插针地说。虽然她也不抱太大希望能够打断母亲的思路,或者让她的情绪稍微好点儿。我的朋友本身也常常担心所有的负面影响,不光是母亲的心理,还有她与周围人的关系,以及自己的生活质量,等等。

请注意,当你想要变得理智,摆脱"戏精"心态时,当你开始考察事实,试图查明自己认定的"糟糕"是否属实、合理,或有益(其实并非如此),当你开始觉得事事都比想象中更坏的时候,请不要再庸人自扰,因为这种事发生的概率很小。再重复一遍:这种事发生的概率很小。我们此时需要尝试着去做的,就是平衡心态,让你意识到自己有多么小题大做。

多年以来,我曾经见过很多因为公司宣布要裁员而饱受焦虑

---

[1] 实际上,你会变成一个实力派戏精——甚至是一位可以拿最佳表演奖的戏精。

困扰的患者。他们十分焦虑,并毫无根据地认定,自己一定是被裁掉的一员;而这种情况绝不可以发生,否则就糟糕透了。于是,他们陷入各种幻想:被公司解雇,然后找不到其他工作,付不起账单或房贷,丢掉房子,无家可归,等等。所有这些都是他们在面对一份不确定的声明时为自己构想出的惨境。

并不是每个怀有需求的人在需求破灭时都会感到凄凄惨惨。你可以有某种需求,但不要总是极端地评估事件的负面程度。有些人常常会把事情"糟糕化",不过他们自己往往意识不到。为了确认你是不是这样的人,你可以想一下自己在最心烦意乱时的情景。当你处在最生气、最焦虑的时刻,是不是觉得糟透了?想象自己"事中"而非"事后"时的情绪。毕竟事情发生过后,理性便回归了。

还有一些人不认为他们会把事情"糟糕化",因为他们觉得自己和"糟糕"二字并无关联。我曾有一个患者,固执地认定自己不会把事情"糟糕化"或"灾难化",特别是涉及我们正在解决的心理问题时。事实上每个星期,在治疗的一开始,她都会跑题几分钟,好好发泄一番,将每周出现的狗血故事和危机演说一番。她最常说的两句话是,"真是太可怕了"和"我跟你讲,这绝对是场噩梦"。毫无疑问,这就是戏剧性夸大事实的表现,因为"太可怕了"和"我跟你讲,这绝对是场噩梦"意味着百分之百的糟糕。

"糟糕化"貌似不是一个词,但却内涵深刻。很多年前,我在一个充斥着各式"工作截止日期"的高压环境下工作。每个星期都在进行着诸多项目,而在某个时间点上总会出点儿什么差错。

2. 戏剧化夸大事实:"糟糕""太可怕了""这绝对是场噩梦"

而只要出现问题,一群"硬核"同事就会开始咆哮:"完了,全都毁了"或者"完蛋了"[1]。灾难性的描述常用于各种可能出现的或潜在的问题,如此日复一日,见证了一个又一个"灾难"。只不过,从头至尾根本没有任何事情完全毁掉,或被搞砸。

"糟糕者"们移步室外,暂时休息,喝点儿咖啡,抽根烟,而内心世界仍然一切如常。困难总会发生,而问题也总会得到解决。如果他们偶尔也能在不抓狂、不崩溃的心态下去解决问题,情况则会好很多,可惜这并不是他们处理问题的方式。

没有任何事会永远糟糕下去,也没有任何事会带来世界末日,除非真到了那一天。面对逆境,你永远可以想到更差的一面,或者想到更差的情况。如果你做不到,那我一定可以帮你想到,因为我在这方面可谓经验丰富。另外,如果连我也做不到(这种情况很少见),那么一定有人能够想出来,因为人外有人,总有人想象力更丰富。[2]

拿我对密集人群的感受来说,当我要求其他人一定不能挡住我的路时,我也是在认定:一旦他们这么做了,那就是糟糕至极。但是,这种信念是不对的。即使在最拥挤的商场,在一年中最繁忙的购物日,每个人都可能碰到我、绊到我时,我仍旧能够想到更糟的情况。例如,摔断一条腿,被公司解雇,被我的一生所爱甩掉,等等。没错,我不喜欢拥挤的人群,我不喜欢被人挡

---

[1] "糟糕者"骂骂咧咧的时候就会说类似的话。
[2] 你这个变态小狗狗。

路（我也不必去喜欢他们），但仅仅因为我不喜欢，仅仅因为其他人挡住我的路、犯了我的忌讳，并不能说明将此归为"糟糕至极"是一种合理的想法。况且，这样的想法确实对我没有帮助，只会把我逼上"戏精"之路，而我确实也曾表现得非常、非常戏剧化。我大喊大叫，出言不逊，出手推搡，拼了命抵抗这些可怕的"不公"。我可以就此演上好几年，甚至像熊一样咆哮。然而，这些"表演"让我害怕而远离美好的事物，比如去听音乐会、去参加狂欢节和其他节日庆祝，或者出去玩。

我也曾是一个可怕的购物伙伴，很多朋友可以作证。

关于"坏事"，多说几句

有些事的确有点儿糟（迟到、别人撞到你），有些事算是非常糟（例如丢掉喜爱的工作、被所爱之人甩掉），但还有些事属于相当糟（像是家暴，遭遇抢劫，或者亲历灾难）；但是在理性情绪行为疗法的定义范畴中，这些事仍算不得"糟糕透顶"。无论事情坏到何种地步，你仍会想出一种更恶劣的事态。即使只能想到一件事，即使只是比现况稍微坏一丁点儿，抑或仅仅是理论上来说更差，都可以证明现况只是"非常糟"，而并非"灭顶之灾"。这样的思考方式不会帮你降低正在经历事件的恶劣程度，却能让你向前看，将事故置诸脑后，继续当下的生活。没错，生活的确会扔给你一些非常可怕的事，但更可怕的是走不出困境。

直面一件烦心事的糟糕程度，即播下第一粒怀疑的种子。这

2. 戏剧化夸大事实:"糟糕""太可怕了""这绝对是场噩梦"

是走出困境的第一步,也是重新拿回属于自己的生活,毕竟你值得拥有更好的生活。无论什么样的糟心事儿,你都不应被它所带来的痛苦所控制和限制。同样,有些事若是坏到100%的程度,则意味着你(或其他经历此事的人)不可能从中看到一丝好处。但即便面对最痛苦的事件,常常你也能发现一些好的迹象。

以诸如地震、海啸、森林火灾和飓风[1]之类的灾难为例,当灾难来袭,总有伸出援手的人,总有团结一切力量的社会组织,总有可歌可泣、感人至深的营救与生还的故事。这种事当然不能算是"糟糕透顶",因为百分之百的坏事是不会为好事留下一丝发展空间的。

美国少儿节目主持人弗莱德·罗杰(罗杰先生)有一句很有名的箴言,他说:"我小的时候从新闻里看到一些可怕事件时,我的妈妈就对我说,'看看这些伸出援手的人,我们总能看到助人为乐的人。'"当灾难发生时,你总能见证善良。

另外,对于随处可见的秃头男来说,我们能从布鲁斯·威利斯和杰森·斯坦森身上发现,光头不仅省下了理发的费用,还打造了"光头性感"的概念。

说到否极泰来,我在写这本书时,脸书(facebook)上有一条美国的视频新闻:一个家庭度假时因为一场事故失去了女儿。对

---

[1] 如果你住在靠近西北太平洋的地区,就是台风;如果你在南太平洋或印度洋附近,则是飓风。飓风/台风仅指大西洋或东北太平洋附近的热带气旋。在气象学中,地理位置意味着一切。

任何家庭来说，这都是非常可怕的事情，世上没有一对父母经得住这等灾祸。但可悲的是，此类事件时常发生。

而在这起特殊案例中，这个悲伤的家庭决定捐献出女儿的器官。这个女孩的器官拯救了其他很多生命，包括很多孩子的生命。因此，这些孩子的父母都异常感激。在这则视频里，女孩的爸爸骑车从麦迪逊到佛罗里达，以引起社会各界对器官捐献的重视和支持。骑行了约 14,000 英里时，这位父亲在巴吞鲁日见到了一位 21 岁的青年，他的胸腔中跳动着女孩儿的心脏。一老一少热泪盈眶地拥抱在一起。这位父亲用听诊器听到了从这位青年的胸腔中传来的心跳声，也是自己女儿的心跳声。[1]

"糟糕至极"意味着你想不出更坏的情况，"糟糕至极"意味着你无法证明希望尚存。"糟糕至极"是一种对"坏事"的不良预测，你的欲望没有达成或即将破灭。它经常会——但并非总是——引发另一种不合理的信念，接下来我们就会谈到它。

下一个"毁掉你"的想法叫作"低耐挫力"。这是一种相当垃圾的自我评估，是面对生活的磨难与挑战时对自己处理问题能力的评估。这是一种比较极端的自我评价，当你的希望破灭或要求没能被满足的时候，对自己处理问题能力的评价。

持有此类想法的人根本不相信自己处理得了这么多问题……

---

[1] 别这样，我知道你哭了。

3. 低耐挫力:"我忍受不了""我做不到"

问题本身不是问题，如何应对才是问题。

——弗吉尼亚·萨提亚

这一章所要谈的都是"低耐挫力"这个话题。这种不良信念常表现为"我受不了"，或者是"我现在做不到"。

"糟糕至极"是一种对事情恶劣程度的极端评估，具体来说，就是一个确切的要求得不到满足时，事情变得有多坏。而"低耐挫力"就是一种对自己处理问题能力的极端评价：对于感情、生活情况、与其他人相处等等，具体来说，类似于你的特别需求没有达成。

在日常语言中，"低耐挫力"表现为"我受不了""我解决不了"或者"我处理不了"，以及其他类似有这种效果的碎碎念。

留意一下，观察和倾听周围人的谈话，一周内你听到了多少次"我做不到"。你周围有多少人曾经说过，"我再也应付不了更多此类情况了"，或者"哦，天哪，他/她/他们可别再来骚扰我了。我再也忍受不了这种人了"。

除了其他那些不合理的信念，人们在日常对话中也常常掺入了"低耐挫力"的想法。因此，他们会说："这儿是不是很潮？简直太潮湿了。我真是再也受不了这种雨天了。"或者："你见过朱莉的新男友吗？我受不了他。"不过他们的意思并不是真的受到了困扰，这只是一种语言表达而已。

可是，有些人确实是当真的。事事都难以容忍，事事都无法忍受，人人都太过分了，所有事对他们来说都是不可承受之重。所以他们永远徘徊在压力、恼怒或者沮丧的苦海中。

许多年前，在旅行途中，我曾在一家北塞浦路斯路酒店的泳池酒吧打过短工。酒吧业绩不佳，酒店经理认为，或许招聘一位不会说土耳其语但可以说英语的员工，情况会有所好转。遗憾的是，他是对的。

每周一，满载英国人的飞机降落于此，人们鱼贯而入各类酒店。当他们进入我所在的这家酒店，在酒吧看到我的时候，通常会说："哦，能听到熟悉的乡音真不错。"[1]

那时正值年末，他们也喜欢和我说回家之后会有多冷。他们会一直说雪啊，冰啊，还有雨，所有这些让人多难受；还有他们是有多高兴，能远离这种天气，来到这阳光灿烂之地。这种情况会持续四五天，然后"低耐挫力"就会开始作祟。

"是不是太热了？"同一群人开始吐槽，"这儿太热了。我可

---

[1] 尽管他们也不过是在异国待了五分钟左右而已。

受不了这么热的天气,再待下去我就要死了。我要回家,等不及了!"

当人们真正展现出低耐挫力时,他们就会给自己造成困扰。他们会陷入消极情绪,还会有自我挫败的表现。

如果一个人表现出较为强烈的低耐挫力的行为模式,这说明当他需要忍耐不愉快、消极情绪或者逆境时,他会怀有深切的无力感。"低耐挫力"的人需要事情按照他们希望的方式进行。如果事情发展偏离其预想轨道,他们就会判断此事变得难以容忍,所有困难和挫折都必须快速而轻松地解决掉,否则就会随时随地困扰其心志。觉得自己无力应对的人会尽可能避免遇到那些容易引起挫折的事件,这样一来,会导致他们产生更多"回避"行为。"回避"成为其面对挫折时的一种不良应对策略。其他不良应对策略也会随之而来。

感觉自己应付不了的人,可能会试图用酒精和药品来麻痹自我(处方药或者娱乐性药物),甚至通过暴饮暴食的方式。

我曾经接待过很多前来诊所寻求帮助的人,他们认为自己有酒精和药物依赖的问题,或者有饮食方面的问题。其实,无论是酒精、药物,还是食物,都只是一种辅助而已,是他们觉得无能为力之时用来支撑下去的方式。

有这么一位让我记忆犹新的患者,她来诊所看病,因为她觉得自己酗酒,她的朋友也这么认为,而她的另一半也是如此认定,甚至给她下了最后通牒,并给我致电敦促对她的治疗。但其实她并没有酗酒的问题,只是有点儿"控制狂",正因如此,她也是一位容易紧张的旅客。

她不喜欢任何失控的情况发生。如果一些事情的发生迫使她离开"舒适区",作为补偿,她就会开始喝酒。关于"控制"的问题尤其体现在交通上。她不喜欢坐飞机,也不喜欢坐火车,不喜欢坐在任何车厢或舱室里,因为驾驶座上的人不是她。将控制权移交给另外的人绝不是她的风格。因此她常常通过喝伏特加来开解。

她会开车,却开不起车,因此只好乘坐其他交通工具。在大多数旅程中,她都处在高度焦虑中。所以,为了应对这种焦虑,她就开始喝酒。而她经常为了工作坐飞机通勤,或者坐火车或长途汽车去探望家人,特别是去见自己的伴侣。这样一来,因为她差不多每次到达目的地时都是醉醺醺的,所以她的朋友、家人和爱人都认为她有酗酒问题,连她自己也觉得是这样。

但是,当我们开始着手处理她的"控制"欲以后,当我们处理好她因为失控导致的焦虑问题后("低耐挫力"占很大一部分原因),她渐渐控制住了自我焦虑,其饮酒方式也自然回归正常状态。当她不再需要豪饮来助力旅行时,她也回到问题出现之前的最初状态——在正常社交中的饮酒者。

有这么一些人,可能其中某些人正在读这本书,他们使用"阿普唑仑"和"β-受体阻滞剂"之类的药物,因为觉得自己无法承受内心的焦虑。正在阅读此书的读者中,或许还存在这样一群人,他们觉得一天下来很不容易,在一天结束之时,许诺自己小酌一杯,结果却喝掉一整瓶;或者允许自己尝上这么一小块饼干,最后狼吞虎吃完一整盒。

正在阅读此书的读者中，可能也有这么一些人，因为觉得应对不了自己的情绪、压力，或是日常生活，而做出自残行为。

在一些极端情况下，那些深信自己无法应对情绪问题或者生活状态的人，可能会尝试结束生命。他们坚信这种极端的"回避"行为是自己目前唯一能做出的应对策略。自杀摧毁了所有与之相关的人与事，同样也毁灭掉了背后的不良信念。

在撰写此书时，我曾与一位做老师的朋友聊起过这个话题，他认为，自己很多学生的情绪和行为背后都隐藏着"低耐挫力"问题。他告诉我，自己的学生会说，"我做不到"，还有"我受不了"，一天念叨好多遍。

他们应付不了太多的家庭作业，他们受不了想要取得好成绩或者担心得到坏成绩而带来的心理压力、考试的压力、想要受到欢迎带来的压力或者不受欢迎带来的痛苦、社交媒体造成的焦虑、遭受霸凌（网上以及其他方面的）、情绪上的问题，以及日常生活的点点滴滴。

这样的问题很容易从中学带入大学，因为几乎每个大学的心理咨询室都不堪重负。这里人满为患，人人都称自己承受不了上述大学生活和学习的压力。

但其实"低耐挫力"不仅仅削弱了我们的决心和意志力。

追求舒适是人类的本性。我们追求舒适，我们偏爱舒适。我们寻求即刻的满足，以避开无趣与烦恼。我们会享用甜甜圈，而不管自己之前是不是下定决心想要成为七月沙滩上最靓的仔。我们宁愿服用自己并不真正想吃下的药物，而不愿做出艰难的拒绝。简单来说，我们牺牲掉长期目标，来换取短暂的愉悦。因此，一句"我做不到"会将我们变成享乐主义者，刺激的探索者，以及活在当下的生物。

关于我们人类为何偏爱容易的事，神经科学有不少讨论。目前为止，尚无定论。不过多数科学家都同意这样一个观点，这种神经冲动是天生的。但是，天生的并不意味着"不可更改"，而是表示"很难改变"。

相信自己做不到会使我们徒增压力，甚至已经成为压力定义的一部分。但其实压力分两种：好的压力和坏的压力。

好的压力也叫作"积极压力"。想到结婚时的激动，或者你喜爱的工作结项的时刻，或者坐过山车时的兴奋[1]。

坏的压力也叫作"消极压力"，但是这个词经常被"压力"一词简单取代了。

在英国，工作压力是员工生病和缺勤的头号原因。英国健康与安全执行局（HSE）正式定义工作引起的压力为"人们在工作中因承受过大的压力或迎合各类工作需求而产生的不良反应"。简言之，如果你觉得这种压力自己应付得了，你可能感到的就是好的压力；相反，如果你感觉承受不了，你就会体验到坏的压力。

英国健康与安全执行局的定义不仅适用于工作，也适用于你

---

[1] 如果你享受坐过山车的过程的话，就是"积极压力"；如果你不享受这个过程，那么你就会体验到坏的压力。而且，很可能会吐。

3. 低耐挫力："我忍受不了""我做不到"

能想到的所有情况：学习、生活、交际、收入、地位——任何让你产生压力的地方、任何给你带来压力的人，真实的或想象中的。

压力来自方方面面，会引发愤怒管理、抑郁、焦虑、上瘾等多种问题。有一个患者来我这儿问诊，因为她有压力问题。当我问她对什么感觉有压力时，她回答说"所有事情"。当我们谈到"低耐挫力"时，我仅仅介绍了这一概念，还没有真正将其纳入我们的治疗过程时，她就已经意识到，自己几乎对所有人、所有事都无法包容。其中，她对工作的"截止日期"一丝不苟，丝毫不能忍受不按"截止日期"工作的人，或者不按她的方式完成工作的人。如果事情不按她预想的方式进行，她就会感到有压力，一种她觉得无法忍受、应对不了的压力。她意识到了这一点，为了纾解压力，也常常会说："赶紧给我弄完吧，可以吗？"只是这并不像一种声明，或者一个命令，甚至不是能造成伤害的武器，而更像一面盾牌或者一张护身符，成了她释放压力的一种不良方式。这是发生在她工作中的情况。

在家里，她同样感觉到压力，更重的压力，因为即便她想说："赶紧给我弄完吧，可以吗？"也不能把话说出口。她面对的是家人而不是员工。这样一来，她很快就意识到，自己的生活状态几乎一直是沮丧的。她感觉到，施加在自己身上的咒语是"我做不到"，意味着她应对不了任何借口，无法相信别人会在最后期限内完成工作，或者达到她的确切要求。她也应对不了那些宁可不停问问题也不自己动手去做的人，或者那些不按她的方式来工作的人。

在理性情绪行为疗法中，有四种"我应对不了"的类型，分别是：

- ★ 情绪上无法包容——你承受不了情绪压力。
- ★ 权益上无法妥协——你忍受不了不公正或者挫败感。
- ★ 无法忍耐不舒适感——你处理不了困难或烦恼。
- ★ 无法接受现实结果——你忍受不了目标无法达成的结果。

人们认定自己应付不了手头的工作，忍受不了某类特定人群，经受不住挫折，控制不住局面，等等。是的，有些人相信自己受不了"不能凡事准时"的事实。"低耐挫力"甚至还有一位低水准的"过从甚密的远亲"，叫作"我不能被打扰"或"我不能受惊吓"。同样，就我个人经历而言，我发现，"难以置信"一词有时候可能会伪装成"我做不到"。

"我应对不了"的同义词

如果你是一个拖延症患者，那么"低耐挫力"很可能就是元凶。有时候，你把一些需要完成的事推后再做，是因为你受到了"我应对不了"的攻击。那就是，你真的感觉自己当下处理不了这些事情，但这背后经常藏有更隐秘的原因，其实只是你的内心在告诉你自己当下不想为此烦恼。

回到我在前言中提到的一个案例，那个想知道自己为什么总是不愿意及时清理鱼塘的人。当时导师说得对，没人愿意花大价钱请心理治疗师来解决这样一个问题，答案却也十分简单。那就是他持有一种不良信念,这种信念就是"懒得动弹"。所以,他经常把清理鱼塘的事一拖再拖,直到水实在是太脏了,鱼儿都快死了才清理。

逃避困境会阻碍我们更有效地解决问题,甚至让我们不去解决问题,结束一段关系,辞掉工作,等等。但是,"我懒得去处理"会妨碍你过上一种健康的生活,阻挠你处理任何你觉得麻烦的事情或者难题,占用你的时间,或者直接让你付出更多的精力。

当我在伦敦工作的时候,年复一年,我常常看到一些选修高等教育课程的学生放任冗长的论文任务堆积如山。做学术研究是枯燥的(除非你真的喜欢),这包括全身心的投入,坐在书桌边,阅读枯燥的专业书籍和研究文章。这些论文的"截稿日期"经常是在夏末,这意味着你要从春天一直工作到夏天。可这几个月正是最欢快的时光啊。冬天已经过去,生命开始绽放,白天变长,总能找到些乐子,美好的夜晚如期而至,漫长的冬天之后,谁不想出去享受这样的时光呢?相反,阅读、研究、写作是多枯燥无聊的事呀。这需要努力、需要奉献,但你却懒得努力。你对自己许诺,一定会去做,但这时电话响起,某个有趣的人带着有趣的事打来电话,所以你就出去了,并且发誓明天一定会做,或者周末,或者最晚下周。抑或,某时某刻你已然坐下来着手写作论文,但你却觉得无聊,然后又去干了点儿什么其他事情。你糊弄自己说,这些事对于你的状态是有帮助的,但其实并非如此:那只是些简单的事情,比如清理厨房、打扫卧室什么的。没错,房间是一尘不染了,但你的论文还在那儿堆着,然后突然之间,"截稿日期"就到了,与你直面相对,再之后,你就坐在我诊室的椅子上,哭诉:"我不知道为什么我老是这样。"

"低耐挫力"就是原因。

在我的经验里,"难以置信"一词也可能代表一种"低耐挫力"信念。我曾经与这样的人共事过。有时候,一些异常可怕、让人震惊的事情发生了,或者有人做了非常不可思议的事情,人们就会呆若木鸡。他们是被"不可思议"绊住了脚,他们不能相信已经发生的事实。他们会这样描述这些突发事件:"真不敢相信他竟然这么做。""我不敢相信事情就这么发生了,我做不到。"这其实只是"我处理不了当下的局面"的另一种表述。

我做不到、我受不了、我现在处理不了、我承受不住、别烦我和难以置信,这些全都是"低耐挫力"信念。它们会困扰你,它们会导致非常不好的情绪和行为,它们不能帮你达成目标。

一个简单的小技巧

在我们继续讨论对"低耐挫力"进行干预治疗之前,我想聊一聊关于"扭转但是"的话题。这里要扭转的不是你的臀部[1],而是"但是"前后的条件。[2] 这不属于理性情绪行为疗法中的治疗手

---

[1] 作者原文为"buts",可以理解为"但是",也可以理解为"屁股"(俚语)。——译注
[2] 我真的不是要你去跳电臀舞。

段,但是如果你正在经受较低耐挫力的折磨,这个方法可能会产生意想不到的效果。

比如说,你加入了健身房,想要获得健康而紧实的身材,但是,每天晚上下班回到家后你都会说:"我是想去健身,但是我真的太累了。"然后你就没去。或者,你正在节食,但是工作期间总有什么人要过生日或纪念日,因此,总有人带来蛋糕、巧克力之类的,或者两样都带上。"好吧,我知道自己想要减掉几磅,但是我真的觉得这块蛋糕很可口。"然后你就吃掉了这块蛋糕。每次都是如此。问题就出在"但是"和其引发的后果上。在第一个案例中,你的关注点不在健身上,而是你疲惫的感觉,所以你没有去健身房。第二个案例中,你的关注点不是能减掉几磅体重,而是在蛋糕上,所以,你吃掉了它。

但是,如果你下班回到家,然后说:"好吧,我知道自己很累了,但是我真的很想去健身房。"然后会发生什么呢?如果在工作期间有人经过你的座位,带着一块蓬松多汁的水果蛋糕,然后你说道:"好吧,我知道自己很喜欢这块蛋糕,但是我真的想减掉几磅体重。"那你现在会怎样?

可能的结果就是,你去了健身房,对蛋糕简单而坚定地说"不"。因为你将"但是"的前后进行了扭转,将重点放在了你真正想要的事情上。

我的一个患者,在我教了他一些关于理性情绪行为疗法的基本信念和如何区分"要求"和"偏好"后,回来告诉我一个惊人的事实。甜甜圈、巧克力和饼干是他在办公室的最爱,而对所有这些说"不"就是他的目标。他注意到，有人带着一盒甜甜圈走进办公室时，每个说"哦，我真的不该吃，但是看起来太美味了"的人都会消灭一个（或者更多）甜甜圈；但是如果一个人说"嗯……我很想吃一个，但我正在保持身材呢"，他就会说"不"，然后一个也没吃。

从这周开始就扭转你的"但是"吧。我不承诺任何事，但是如果你不这么做的话，就永远不会知道你有可能达成怎样的目标。

我们的朋友——质疑

我们要开始对一些不良信念进行"质疑"治疗了，因为你所有的"做不到"都不是正确的，没有意义，也没有任何帮助。

快速提问："你归天了吗？你的生命停止了吗？你是躺在坟墓里读这一段的吗？"答案当然是一声响亮的"不是"。如果你说"是"，我怕是入错了行，或许我很多年前就已经是个专业灵媒了。如果你还活着，那么你说自己"受不了"或"应对不了"这事儿就不是真的。想想"我受不了"这句话到底什么意思。从字面上来讲，如果你真的"受不了"的话，你可能已经不在人世了。

对于那些不相信我的人，我想和你们谈谈龙虾。你吃过龙虾吧？你知道龙虾的传统做法吗？活着的时候被捞出来，扑通一声丢到一锅热水里。然后龙虾就死了，因为它受不了被热水烹煮。同样，你也受不了这种情况的。如果像烹饪龙虾那样对你进行煎炸炒蒸，我不敢说你会和龙虾一样鲜美多汁，但我确定你也同样忍受不了,你会就此挂掉。这就是"我受不了"的字面含义。你本身就最好的证据,证明"我应对不了"的观点不成立。你活着、呼吸、走路、说话,都证明了"我受不了"是个伪命题。因此,想想所有那些你叫嚷着"应对不了"的事,然后记得你还存在的事实,推翻这样的想法。

让我们再用"我受不了凡事不能准时"来举例。尽管迟到了,你并没有挂掉,而且最终还是到达了。没错,你可能错过了会议,也可能要工作到更晚,这些可能会导致你这一天都不太顺心。可是,不顺心并不能让你挂掉。

我经常坐周二的火车往返伦敦,这趟车经常晚点,可我的生命还在继续。我撑下来了。[1] 目前,你可能没有很好地应对生活中出现的一些状况。如果你在生气、焦虑或者产生了抑郁症状,如果你在用酒精或药物来麻痹自己;那么可以得出结论,你没能很好地应付当下面临的事情,你觉得这些事很困难、有挑战,而且让人崩溃。但是,尽管意识到一些事情对你来说很困难,但从逻辑上讲,你也能够耐得住、受得了,能够应对。

回到"守时"这个话题。这样讲很合理:"我对自己的守时观念很自豪,所以不能凡事准时对我来说就是个挑战。"抑或"不能凡事准时就会打乱我一天的节奏。"但如果这样讲就没意义了:"我受不了迟到,因为我不喜欢。"前者是理性的说法(我发现迟到会带来困难),后者则是非理性的(这件事让人无法忍受),因为这

---

[1] 不只是"苟且活着",而且是"耐心承受"。

句话的前后是两码事，并没有合乎逻辑的因果关系。如果这一陈述有道理，那么它就应该是放之四海而皆准的。如果人类都因为受不了迟到而挂掉，那我们如今又该身在何处？我们不该在这儿，因为我们不存在；我们或许还待在海洋里，盯着这片陆地想："我不喜欢这片大陆的样子。"人类耐得住逆境，日复一日与之和平共处。这就是我们成长和发展的方式，也让我们变得更有韧性，拥有更强的复原能力。

认定自己应对不了、忍受不了某些事，必定对自己没好处。这会引起你的心理困扰，让你丧失复原能力，夺取你的活力，让你变得软弱，妨碍你利用理性的应对策略（例如"着手进行"或者"解决问题"），也会让不良的应对策略乘虚而入（例如回避和推迟，酒精或药品）。还有，在极端状况下，这种不良信念还会导致你考虑、计划甚至尝试着手结束自己的生命。

有些人觉得，只要没能做到凡事准时准点，自己就受不了了。那么，他就可能提早到达约会地点，往往提前得过于夸张。我有这么一个患者，她对约会准时是有要求的，总是早早就来到我这儿。于是，她有了大把时间可以消磨，她就在附近的咖啡馆喝上几杯咖啡来打发这段时间。在我们的诊疗过程中，她经常惴惴不安，频繁地出入卫生间。

如果你正在读这本书，不管你是不是曾吐露过"我受不了"之类的字眼，你都幸存下来了。你在每个曾面临过的困难和挑战中幸存下来，成功概率百分之百。这多酷哇！

就我所知，我在打工的那个酒店遇到的所有旅客都活着回家了,而且极有可能,继续预订下一个阳光假期,那种不超过五天他们就喊"受不了"的假期。

因此,摆脱掉"我应对不了"吧。像这样的词句在你的字典里、思想上和信念体系中都不该有位置,除非你把它用在能要你命的事情上。[1]

再拿我厌恶人群这件事来说吧。有人挡我的路会让我很难受,我能受得了那些挡我路的人吗?当然不能。"我真心受不了,那些人又挡在我前面了!"我如此说道。事实上,在这一点上我的"绝对需求"可能比旁人都要高。对我来说,熙熙攘攘的人群绝对是难以忍受的。这当然不是真命题——我并没有因为别人插队到我前面就死掉了。别人碰我一下,绊我一跤,或者插到我前面死死停住,并没有让我的生命终止。我发现,周围的人挨挨挤挤,还不时插到我前面,让我的确挺难应对。但若仅仅觉得此事对我来讲很困难,就得出它是无法忍受的结论,就很没道理了。如果这事儿有道理,按照之前的逻辑推论,我这种人应该已经被列为濒临灭绝的物种了。

沉浸在这场"人群恐惧"的戏中无法自拔,对我而言一点儿帮助也没有。怀揣这种念头时,我会尽量避免去到人来人往的公众场所,甚至是那些我其实很想去的地方。如果我身处拥挤的环境中,或者抱着想找点乐子的想法去了某个地方,我就会变得暴

---

[1] 比如说,沸水。

躁易怒，会哭泣，还会因恐惧而尖叫。[1]

"质疑"疗法也同样适用于其他类似的"低耐挫力"想法，例如"烦死我了""难以置信"等等。"烦死我了"是没道理的。如果你尝试去做了一些你以前认为很烦的事情（例如去健身房、做项目、写论文或者其他事），你就能找到"烦死我了"并无道理的证据。我们口中念叨的"难以置信竟然发生了这种事"也不是真命题。如果事情没有发生，你就不会处在"难以置信"的境地。

如果你说这件事很无聊，或者你觉得自己没动力去做某件事，这些都是很理性的；但如果你说自己被某件事烦死了，仅仅因为你觉得很麻烦或者没动力，这就不是理性的了，因为前后没有因果关系。第二个说法中有两个概念，两者没有逻辑上的关联。

坚信"我要被烦死了"，并不能帮助你，只能导致你拖延对问题的处理，或者把本该要做的往后推。"不敢相信竟然发生这种事"同样也帮不了你什么，只会让你陷入震惊和难以置信的状态。持有"难以置信"这种念头的人会发现自己很难摆脱让他们不敢相信的事情。

因此，如果你正在处理自己"应对不了"的问题，或者有"我受不了"或其他"低耐挫力"的想法，诸如"我烦死了""难以置信"之类的——只要记得，这些都不是真的，既没有道理，也没有帮助。

---

[1] 这些尖叫声并不都是我的哦。在游乐园中可能还会有其他游客的尖叫声。——译注

然后，我们可以继续搞定最后一种不良信念了，第四种会毁掉你的想法，也是最顽固、最阴险以及最普遍的一种。有这种想法的人会觉得自己和别人都非常非常糟糕。这可一点儿都不好玩……

4. 贬低自我、他人以及全世界:"垃圾""狗屎""一无是处"

未经你的同意,没人能让你自卑。

——埃莉诺·罗斯福

第四种,也是最后一种会毁掉我们的信念——"不合理信念四重奏"中的四号执念,带给我们困扰并导致心理问题——实际上会转向其他三种信念中的任何一种。

如果人们得不到他们"必须"得到的,如果情况变坏,或者生活不如意,他们就会有产生这样的倾向:一、贬低自己;二、贬低其他人;三、甚至贬低整个世界。

在理性情绪行为疗法中,自我贬低也可以叫作"自我定罪"。有这种想法的人会将自己视为愚蠢、无用、没价值、一无是处的失败者(或者用其他难听的字眼来定义自己)。贬低其他人也叫作"定罪他人",就是你把其他人看作是愚蠢、无用、没价值、一无是处的失败者(或者用一些特定的难听字眼来称呼其他人,你从

4.贬低自我、他人以及全世界:"垃圾""狗屎""一无是处"

不会用那样的词来形容自己)。

人们也会将这样的字眼加诸整个世界(比如"这个世界没有存在的价值"或者"生命一点儿都不美好"),或者一些特定的生活场景,比如工作(很无趣)抑或人际关系(我与他人的关系都很紧张)。这些都可以称作"贬低世界"。一次又一次,你会用消极词汇给这些事物贴上标签。

和"我应对不了"的情况类似,我们也经常"言不由衷"。在对话中,人们经常会说,"哦,我真是个娘们",还有"你这个笨蛋"。说这话的人并不当真,或者他们虽然嘴上这么说,内心却没受什么影响,甚至他们是用快活、友好、包容的语气说出来的。[1]

但有些时候,我们确实是当真的:当我们受到困扰和感觉异常时,当我们愤怒、焦虑或抑郁时,当我们怀有那些不健康的需求时。在上述情况中,我们的"贬损"就是认真的了。这些词汇变得国际化,大家众口一词,我们变得认不清自己、看不清其他人和事。在这种情况下,贬损的话就不再是无关痛痒的评论,也不是快活的戏谑;它变成了一种定义、一个特征。

对某些人来说,这种自我怀疑程度还算温和:他们感觉到挫败,因此他们认定自己是个失败者。他们觉得自己比其他人笨一点儿,所以他们就得出一个"自己是笨蛋"的结论。但是,对另外一些人来说,自我怀疑的程度就深得多了,甚至达到了自我厌

---

[1] 在英国,"你个娘们"表达的多半是喜爱之情。

弃的程度。他们在很多方面憎恨自己，将自己视作可悲的失败者、彻头彻尾的可怜虫、没用的人、胖子、丑八怪、蠢货以及废物。

这样的人，不仅憎恨自己，还会产生抑郁，为自己是这种次等、没用的人感到羞愧，他们的自我认定如此不堪。简言之，他们的自尊心丧失殆尽。人怎会如此憎恨自己呢？

我在进行心理治疗或咨询时处理的最常见问题就是自尊或自信的问题（这一问题可能是患者的直接问题，也可能是其他问题的核心所在）。已经数不清有多少次，人们联系到我，因为他们有诸如此类的直接或间接问题。这一问题藏于自尊（self-esteem）这个词汇本身。

尊重（esteem）某些事，意味着对其抱有敬佩之意，怀有钦佩之情，重视其意义，承认其价值。这个词[1]本身源自拉丁语aestimare（评估）。因此，从字面意思来讲，你通过"自尊"来评价和珍惜自己。也就是说，你在自我估值。

有些人高估了自己。"瞧我，"他们说道，"真是太棒了！"实际上，那些高估自己的人，很少会寻求心理治疗。在我有生之年的诊疗案例中，从没见过有谁跑来见我，对我说："能帮帮我吗？我太高估自己了，我觉得自己特别厉害，我需要你帮我变得谦逊一些。"[2]

---

[1] 指的是esteem。——译注
[2] 不过，我敢说你一定想推荐某些人来试试心理咨询，以治疗他们的"自大症"。

4.贬低自我、他人以及全世界："垃圾""狗屎""一无是处"

可悲的是，大多数人，尤其是正在接受心理治疗的人，更多情况下是低估自己的。有些彻头彻尾的自我诋毁其实一点依据也没有。

其实，将自信建立在自我评估的基础上是一场非常危险的游戏。

"无论是男人还是女人，自尊对他们来说都是人生最大的弊病，"阿尔伯特·艾利斯如是说，"因为它是讲条件的。"你得到的越多，获取的成功越大，跳过的坑越多，你就会越自信。相反，你犯的错误越多、越严重，或者失败越多，你的自信心就越低。

问题就在于，无论我们做好做坏，做对做错，成功还是失败，这些都是日常状态。因此，如果你玩"自尊评估游戏"，那么你的自信就会像溜溜球一样。前一分钟上升，下一分钟就滑落，全凭你的成败。上上下下，如此反复，你不累吗？

同样，就自信而言，大多数人对自己的评价都过于消极了。所以，当情况变得很坏，"自信溜溜球"就会卡在低谷。如果你做错了什么，你就会给自己一个总体评价：驾照考试失败了，意味着你是个彻头彻尾的失败者；做错了几件事，你就觉得自己毫无用处；搞砸了几段关系，突然之间，你就成了爱情废柴；陷入抑郁不能自拔，最终你认定自己一无是处。

这样做很容易，玩儿这种打分游戏，得到你想要的结果也十分简单。我们就生活在一个天天玩打分游戏的世界——学校里，工作中，电视上，杂志上，几乎无处不在。我们被教会了要竞争，做得更好，要不断提升自我，如果做不到最好的话自己的生活就没有价值。

可悲的是，有些人，他们的家人或朋友，甚至是身边的伴侣，都在一点点、不间断地对他们说着"你就是个垃圾"，直到他们相信自己就是这样的人。

看看四周，发现别人似乎都比你好得多，你也想像他们一样。如果你觉得自己是个失败者，你必定是这么想的：你这个失败者，烂极了；如果别人一直对你很无礼，那他们一定是大混蛋，是白痴，烂极了；如果你对工作不满意，那么这份工作就毫无意义、毫无前途，烂极了。

我们再回到对守时这个问题的分析上，有些人可能会坐在晚点的火车上，心想"我是个凡事守时的人，现在这样都是我的错，我真是太蠢了"（然后自己无比焦虑）。另一些人呢，可能坐在同一班火车上，心想"我是个凡事守时的人，都是乘务长的错，他这个白痴"（然后迁怒于当班乘务长）。此时，同班列车上还有一些人，心想"我是个凡事守时的人，这都是铁路公司的错，这种特许经营方式果然不合适"（虽然不针对具体的某个人，但还是生气了）。[1]

但是，事情果真如此吗？假如说，你迟到了真的是你的错，这难道就是你的一切吗？因为这次迟到你就一无是处了？如果真是乘务长的错，司机的错，线路的错，或者三者结合的错，那

---

[1] 但是乘务长很可能也会因为列车延误而受到处罚，所以还是同情一下乘务长，对他们好一点儿吧。

4.贬低自我、他人以及全世界:"垃圾""狗屎""一无是处"

这就是他们的全部吗?所有事情都不是仅存在一种维度的,不是吗?

没有什么是一维的(除了在数学里),也没有人是一维的。世上的人和事都有其复杂性。正如已退休的临床心理学家、作家保罗·豪克博士曾指出的,所谓"自我",就是你身上一切可以被评价的东西。[1]

他的意思是万事皆可评价。因此,这其中包括你的思想、情感、行为和技能(或缺乏的技能),还有你的成就、失败、身体等等——你从生到死所有的一切,你所做过的,以及你从现在开始将要做的,一切的一切。

如果你这样来看待问题,那么,仅仅因为一两个不良属性就全盘否定自我,对你来说根本不公平,是不是?

你现在多大年纪?22,37或者84岁?这没关系,我想知道的是:你能否坐下来对自己迄今为止所拥有的一切进行评估?你可以发现新的点并且评估所有可能评估的事情吗?你能不能拿出一张纸来,对你所有的优点打钩,对所有的缺点打叉?你可以试一试,但可能要付出比研究人类基因组计划更大的努力。[2]

如果你能证明自己的人生有任何一点是积极的,是成功的,

---

[1] 他在很多地方都这么说过,包括在《克服评分游戏:超越自爱,超越自尊》一书中。
[2] "人类基因组计划"于1990年启动,至2003年完成,其任务是对人类DNA中存在的数千个基因中的每个基因进行定位和识别。这项工程有助于根除疾病并使药物更为有效(这是这项技术的优点),但也可以用于武器化方面,甚至重新"设计"人类(这是这项技术的缺点)。

那么你觉得自己是个彻头彻尾的失败者就不是真命题。仅仅因为考试失败，你就认定自己完全不行（像个失败者）是没有道理的。仅仅因为搞砸一两场恋爱，你就说自己一无是处（让你感觉自己不讨人喜欢），这对你一点儿帮助也没有。你只需要一个对钩，在证明你不是失败者、蠢货或废物的列表中打上那么一个对钩。但是，你绝对不止一个对钩。每个对钩都是一个有力的证据。

我们可以用纯粹客观的理性来支持这一观点。我们可以通过质询的方式来支持它，通过质疑来论证这种"贬低性"信念是否正确，是否有道理，是否对你有帮助。（温馨提示：答案是否定的。）

自我诋毁是不正确的，不可能是对的。如果你列出自己的技能、成就、资质（学术上的，职业上的，还有学生生涯里的），那些让你自豪的事，那些你做得好做得对的事，这样的清单上都囊括了些什么？如果你画了一溜对钩来表示成功的事，这样的对钩会有多少，又都代表了什么？

如果你现在手上有笔和记事簿，那就试着写张清单，列出上述提到的内容，或者只在脑海里列个简单的清单：一个接一个的对钩。

列表上的这些条目都是事实，是证据。每个对钩都是一条证据，证明你不可能是个失败者，证明你不可能一无是处，证明你不可能是个糟透了的人。如果你是这样的人，那列表上还会有这些对钩和条目吗？答案当然是否定的，因为对钩就在那里，诸多事实就摆在那里。

不管你的感觉告诉你什么，你有现成的证据反对这种消极信念，这些证据就在你的面前盯着你呢。目前，你可能信心太低，以至于要想尽一切办法与之抗争。没关系的。只要你能列出一两件这样的事情，都足以证明，你没有彻底失败，也并不完全愚蠢。

拿我举例来说，过去我曾经自我诋毁过。我感觉自己很失败，因为我从内心深处坚信我就是个失败者。我深信，自己不够好，过去犯下的错也在推波助澜，证明我的无用。尽管我拿到了几个毕业证和两个学位证。大学毕业后，学习新闻专业的我在一家颇有名望的杂志社工作；我从零开始成功组建了心理治疗工作；我喜欢用理性情绪行为疗法和催眠疗法来帮助人们摆脱困扰；我对人和动物都很友善，我爱自己的狗，总是在朋友度假的时候去帮忙喂鱼。这些都是我列表里的"对钩"，是列表中的积极项。如果我能用这些来证明自己，那我又怎么可能是一个彻头彻尾的失败者呢？那你呢？读到这些后你又能想到哪些证据呢？

很多年前，有位患者前来问诊，请我帮他戒掉大麻。他吸毒成瘾，以致恋人离开了他，工作也丢了。后来他实在太过分，连毒贩都切断了他的货源，告诉他他需要帮助，这也是他联系我的原因。

他觉得自己很混蛋，是个彻头彻尾的失败者。当我尝试让他回忆起一些自己擅长的事、一些优点时，他却做不到。他对自己的过往十分灰心丧气，哪怕一件关于自己的积极的事情也说不出。"我能说什么？"他阴郁地说道，"我那么没用，连卖给我大麻的毒贩都不愿意见我了。"

过了一会儿，我说道，"我敢打赌，我知道你擅长些什么。"

他惊讶地看着我。

"事实上，"我小心翼翼地说道，"我敢打赌，我知道你特别擅长某件事。"

"什么？"他起了防备心，"你还不怎么了解我呢。"

"我打赌你可以卷出最棒的烟卷，"我回答说，"我打赌你闭着眼睛在十级大风里都能卷出一支烟卷。"

"我真不敢相信你竟然会这么讲。"他说道。

这是一步险棋，但在这种情况下，我还是这么说了。"我打赌我说对了，或者基本接近事实。"我回答道。

"好吧，是的。"他说道，"但我能做的还真不止这些。"然后，在我的连哄带骗下，他开始聊起自己在变成瘾君子之前所擅长的事情。我们都曾犯过错，但这些错误并不能抹杀我们之前的成就，也不能阻碍我们在未来取得成功。

说自己是个失败者，自己很笨很垃圾，诸如此类的话毫无意义。是的，你在生活中曾经有过失败，也曾经犯过错。这个世界上有的是你不擅长的事。只要你愿意，你也可以把这些事列成清单。

无论如何，你可以对自己的方方面面进行评价。例如，我不擅长手工和数学，我曾经做错过事（其中有些错误很严重，是真的非常严重，比如那些我们只想立刻抛在脑后永远忘却的大错误），我丢掉了著名杂志社的工作，我无意中伤害过别人，搞砸过工作面试，忘记眼前的熟人是谁。我也可能很专横，我打击过别人，类似的错误还有很多。

我的列表中也有叉叉，是我存在的缺点。我们都有缺点。

现在，如果我告诉你："我没通过驾照考试，所以我是个失败者。"你会不会告诉我这么讲根本没道理？我希望答案是肯定的。但如果我说："其实我撒了个小谎，我考了一百次都没通过，所以我肯定是个失败者。"你还会不会告诉我这么讲根本没道理？希望你的答案依旧是肯定的。那么，什么样的想法是有道理的呢？

也许是我跟教练的关系不好，那我就换一个教练，结果也会随之改变。或者，我有考试焦虑问题。用理性情绪行为疗法来解决这个问题，控制住焦虑，结果也会随之改变。抑或我应该接受自己的确不擅长开车这件事。也许我永远不该待在汽车方向盘后面。或许我应该放弃成为出租车司机的目标。但是，问题的关键所在是：不擅长开车并不影响我做一个好人。某件事上失败了，或者某些事上不成功，并不能让我成为彻头彻尾的失败者。两者之间没有因果关系。

自我贬低对你也没有任何帮助。它只会让你抑郁，让你焦虑，蚕食你的信心直到你毫无自信；它还会让你拿自己跟别人比较，而且总是战绩不佳。事实上，它只会给你带来困扰。

因此，自我贬低是不正确的，没道理的，也帮不到你。但是，贬低其他人呢？好吧，其他人也并非没用、愚蠢、没价值或者糟透了的（此处可插入其他恶毒词汇）。

你是如此，别人也同样。你也许并不了解他们，你也许根本不认识他们，但是他们的人生图纸上也同样有对钩，他们身上也都有积极的方面，他们也有各种技能和资质（学术上、职业上以及学生生涯中的），他们有力量，也有自己擅长的事。他们有爱着自己的人，他们也很有可能对人友善，或许不是对你，或许不是一直如此，但他们做过好事。如果你能证明别人身上也有优点和长处，那么他们就不可能是你口中的那种人，也意味着你的想法是不正确的。

像你一样，他们也有失败、弱点和缺点，他们也犯错。或许他们对你做了不好的事，这也是你一开始会贬低他们的原因。但是一次失误不能让他们变成完完全全的失败者，一个（两个，或者更多）错误也不能让他们变成彻头彻尾的废物。因为一两处或者几处消极的方面就全面否定一个人，这样做很没道理。

这种想法对你也没有帮助。与他们无关，只关乎你。对其他人的贬损会造成对你的困扰。这么想会让你生气，让你妖魔化其他人。你会怀恨在心，甚至你会憎恨、伤害和贬低你声称爱着的人。

一些心理治疗小组——特别是"愤怒管理小组"——会做一种简单的练习。心理治疗师拿出一个盛满石头的碗——里面都是大块石头——然后让组员们为自己心中的每一份怨恨捡一块石头。注意，是每一份。然后他们被要求将石头放在口袋里随身携带一周。你觉得这个感觉如何？很沉重，是不是？很累赘吧？那就是贬损他人对你造成的影响。你觉得练习结束后将石头投回碗里的感觉会怎样？如果你从现在、从今天开始就停止对他人的贬低，又会是什么感觉呢？

最后一个话题是，贬低世界。要知道这个世界并不全是狗屎。可能有时候你会产生这种错觉，特别是你在看到、听到一些新闻的时候，但事实并非如此。现在，想出三样在这个世界上你喜欢的东西，可能是冰激凌、彩虹、大象或者其他什么。这同样适用于你的工作。你的工作也并非都是狗屎，即使你现在极其不喜欢它。想出三件工作中让你欢喜的事，可能是薪水、友好的同事或者离家近。

如果你可以展示这些事情积极的方面，那么这些事情就不可能是你口中所说的一无是处、垃圾和狗屎。这个世界，你的工作，还有生活条件等，都有消极的方面。可是，仅仅因为这些负面因素就完全摒弃和否定它们毫无意义。

同样，贬低世界和生活也不能帮助你。你会对这个世界和你的工作绝望；你会感到烦恼，行为失调，陷入完全被动、无能为力的局面。

拿守时这件事来举例。"我必须凡事守时，"你说道，"全是我的错，我这个白痴。"或者你可能会骂乘务长是白痴或者行车线路不合适。

但是，如果你迟到了，你就是迟到了。可能是你的责任，也可能不是，但因此就说自己是白痴是不对的，说乘务长是白痴也不对（他至少做好了自己的本职工作）。还有，如果你能从铁路调度员身上发现任何优点，那么说他们是废物也是不对的。即便迟到是你的错，即便你做了什么蠢事，仅仅因此就说自己是彻头彻尾的白痴也是毫无意义的。"真蠢"和"我是个蠢货"是两个不同的概念，没有任何因果关系。

对乘务长来说也是一样，对铁路公司同样适用。这些念头没一个对你有帮助。你还是在那列晚点的火车上，只不过你开始生自己的气，怒吼乘务长，或者狂奔下火车。

回到我对人群的执念上：我是不是觉得愤愤不平？当然了，但是我并没有自我贬低——因为我很好，我是正义的一方，我不是那个冲到前面挡自己路的人。我也没有诋毁这个世界，我贬损的是其他人。对我来说其他人都是白痴。不只是那些挡我路的人，而是所有人。因为拥挤人群中的每个人都不怀好意地打量我，因为他们每个人都有可能成为下一个挡我路的人，或者导致其他人挡住我的路：因此，他们全部都是大蠢货。[1]

这当然是不对的。的确，我不认识他们。但从旁观者的角度来看，他们至少是穿戴整齐地在火车上、车站的售票厅里、节日庆典之类的地方和场合穿行。他们都会说话，当然也都习得了各种语言。他们大概也都有工作、有能力、有自己关心和关心自己的人。他们并不是完完全全的蠢货。

只因为他们误挡了我的路，就得出他们是蠢货的结论，这个想法是不符合逻辑的。即便这全是他们的责任——是他们没看路，即使他们做了一些蠢事——是我们双方都认可的；但因此就认定他们是蠢货，也不合逻辑。最后一点，这一信念对我没有任何帮助，它只会让我妖魔化别人、看不起别人。当你贬低别人时，很容易对他们生气，却很难生出同情之心。

---

[1] 除非在极少极少的（我想重点强调一下这一点）情况下，我也会插到其他人前面。然后我就会生自己的气，因为我也显然成了个蠢货，暂时降低到他们的水平。我是坏丹尼尔，坏坏（但不是糟糕至极的）的丹尼尔。

因此，贬低是不正确、没有逻辑、没有任何帮助的事。即使你厌恶自己（遗憾的是很多人都如此），即使你感觉自己是废物，即使你觉得自己取得的成就并不能削弱这个信念，都不能改变一个事实：你在说服自己相信一堆无用、无意义的谎言。

我们应该以其他更有益、更友善、更富有同情心和更包容的态度来替换这种贬低的心态。接受自己，接受他人，接受生活和其中所包含的一切。

好了，差不多是时候来看看那些健康信念了。

结语：四种毁掉你的想法

至此大家得以了解这四个困扰你的不良信念，其中包括僵化教条的绝对需求信念（常用词汇例如"必须""必须不能"，"应该""不应该"，"一定""不得不"），"戏剧化夸大事实"信念（也就是"糟糕至极""灭顶之灾"之类的想法），"低耐挫力"信念，最后，我们谈到了"贬低自我、他人以及全世界"信念。

教条式需求很常见。按理性情绪行为疗法的说法，如果你受到什么困扰，那就审视一下自己身上是否存在某种"执念"。并不是每个人都会"戏剧化夸大事实"。如果你在面对某种"需求"的时候"戏剧化"，也不要自动得出自己会在其他需求方面"戏剧化"的结论。也并不是每个人对自己的需求都有"应付不了"的想法。自然，也不是每个人在面对需求时都有"贬低"的想法，不要自动得出结论，说自己面对其他需求时也会这么做。

如果你受到困扰,那就找找看有没有什么"执念",要假设一定有这种执念在作祟。其他的不良信念应该根据具体情况来分析。

回到"守时"这个话题。晚点火车上的某个人会想"我必须凡事准时,否则就太可怕了"。另一个人会想"我必须凡事准时,否则我就受不了了"。有些人可能在"我必须凡事准时"面前既抓狂又崩溃。

火车上的另外一个人坚信"我必须凡事准时,都是我的错,我是个蠢货"。其他人可能会说:"我必须凡事准时。那个天杀的乘务长,都是他的错。"还有些人会说:"我必须凡事准时,都是铁路公司的错,真没用。"

还有人所有想法都占全:"我必须凡事准时,不然的话就糟糕透了,我受不了,都是我的错,我是个蠢货。"

谢天谢地,每个不良信念都有一个对等的理性替代。你当然可以有欲望和需求,但其背后的信念应该是理性的。你也可以估测一件事糟糕的程度,但也要以健康合理的方式。你仍然可以承认挫败感的存在和容忍的需要,但也要以对你有利的方式。你也可以评价自己、他人或者世界,但要以更友善和宽容的方式。

是时候与四种健康信念见面了,斩断当下的不良想法,提高心理幸福感。健康信念会抚平你的心理创伤,帮助你以更理性、健康的方式思考、感受和行动,让你不再搞砸身边的事,尤其是你自己。

听起来怎么样?

PART 2
帮助你的四种积极想法

可以灵活变通的选择:"我希望某事发生,但如果没发生,也可以接受。"

反糟糕化的洞察力:"某事不好,但不至于糟糕至极。"

高耐挫力:"虽然情况困难,但我能应对。"

无条件接纳:"我只是既有价值又会犯错的普通人。"

5. 可以灵活变通的选择："我希望某事发生，但如果没发生，也可以接受。"

> 智者心智灵活，能够保持心胸开阔，并能够在需要改变时重新调整自己的需求。
>
> ——马尔科姆·X

教条的绝对需求是一种困扰着你的僵化需求，是一种刻板的欲望表达，在四种不合理信念中稳坐第一把交椅。这种执念不正确，没意义，不能帮你得到你必须得到的（事实上，它还会让你得到更少）。

那么，有没有办法摆脱这种疯狂的念头，有没有可能搞定这种不良信念，有没有可能戒掉这些执念，替换以有用、有帮助且理性的信念？答案是肯定的，你可以！请跟"可以灵活变通的选择"打声招呼吧。

"偏好"是这样一种信念：表示希望某事发生，但没发生的话，你也可以接受。你表达自己的欲望（我更喜欢甲乙丙丁），然后你否定"绝对需求"（但是我不一定要拥有甲乙丙丁）。

你可以用"我更喜欢""我期望""我希望"或者"我想要"来表达自己的"偏好"。但是你不能只说"我更希望得到"，还得再加上一句"但是我不是一定需要"来否定自己的"绝对需求"。

添上这一句非常重要。如果你只是表达自己的"偏好"而没有否定绝对"需求"，过段时间，你就会陷入重拾"绝对需求"的风险。这里的"但是"一词和它所带来的后续影响可以防止这个风险的发生。

怀揣某种"偏好"没问题，因为我们做事都有好恶。我们对去哪里度假，吃哪种食物，希望被他人如何对待，希望生活中遇到何事，希望在特定时间里自己的生活是何种模样，希望取得怎样的成就，等等，都有个人偏好。甚至，在我们意识到别人侵犯了自己的空间之前，有一种偏好是我们和别人之间的距离[1]。

我们持有"偏好"的时间越长，就越能保持心理健康。但不幸的是，人类有一种心理倾向，会将自己强烈的"偏好"变成"绝对需求"。事情对我们来说越重要，我们就越有可能用"必须"和"绝不能"来表达。

这种事情一般来说都是些大事：尊重、关系、取得的成就（或缺失的成就）、生活事件等。在进行诊疗时，我经常会说："看，没人会因为一杯咖啡而心烦。"不过后来我不得不改变这种说法，

---

[1] 而且根据对方是谁，这种距离偏好也会随之改变。

5.可以灵活变通的选择:"我希望某事发生,但如果没发生,也可以接受。"

因为有些人的确会。

我曾有位患者,是某公司的CEO,非常严谨,习惯别人听令于自己。如果他说"跳",手下的人就会跟着跳。如果他说"就照这样做",人们就会严格按照他说的方式来操作。他本身不是不理性的人,只因"当上老板",他就有幸成长为一位有"绝对需求"的老板。然而,在一杯小小的咖啡上,他丧失了理性。他喜欢某种风格的咖啡,要从某个特定连锁店买来,混合了某种非乳制品奶。咖啡店任何人帮他准备咖啡时都要分毫不差。如果其中有任何一个环节没按他要求的方式进行,他就会发脾气、咆哮、咒骂、把椅子踢到一边。他当时生气、发火,但事后又会懊悔、羞愧,还要花钱给当事人买巧克力和鲜花来道歉。"我必须喝到我要求的那种咖啡,"他说道,"工作中我令行禁止,这方面我也绝对需要按我的方式来。"

但是在咖啡店,他不是CEO,只是一位顾客,还是一位非常粗鲁的顾客。

他的愤怒并不会四处流窜(在别的事情上生气,表达愤怒之情),而他在生活中的其他领域也没有这方面的压力(尽管我们对此进行过探究)。他只是把自己的老板脾气延伸到自己够不到的地方。

为了让他出现在当地咖啡店时不再将脸藏在一大束康乃馨[1]的后面,他必须接受一个事实,并不是必须喝到那种咖啡,无论自

---

[1] 康乃馨、玫瑰、风信子、郁金香、铃兰和兰花,显然都是能表达歉意的花儿。

己多么喜欢喝特定工序下做出来的咖啡。

"偏好"和"绝对需求"是截然不同的。"偏好"是灵活的、理性的,在任何情况下都比"绝对需求"理性得多。持有"偏好"对你来说更有意义,能帮助你实现目标。"偏好"是通往心理健康的康庄大道。拥抱"偏好",让它帮你搞定"绝对需求"。

希望自己能有所掌控完全没问题,只要你接受自己不必时时刻刻都能够掌控全局;期待你的伴侣更尊重自己也无可厚非,只要你接受他不是必须、也不会时刻以尊重的态度对待你(特别是在你和他同样生气和无礼的时候);想要凡事都完美无缺也是可以的,只要你接受并非每件事都必须是顶好的、A+级别的或者好上加好的。总之,不是每件事都能得偿所愿。

当事态稍微失控时,你可能会担心;当你的伴侣不尊重你时,你可能会抓狂;当你付出了最大努力却没能达到自己想要的目标时,你可能会失落。但是,相对于焦虑、愤怒和羞愧来说,有些情绪表达方式会更为理性。

如果你坚守"偏好"式信念,在面临逆境和挑战时,你仍然会情绪化,但是这种情绪是健康的。哪怕结果是消极的,但你仍是理性的。这就意味着,你所展示的想法、感受和行为都会很理性,而通过这种方式,你会得到更多,或者对自己和他人更有益。

例如,有些人要求另一半和朋友对自己绝对尊重,如果他们感受到来自这些人的无礼,就很可能会发飙。他们的情绪时刻准备着,一旦其他人没表达和给予他们尊重,就会吼叫、好斗,或者强求尊重。然而,当你只是"偏好"尊重,同时也接受伴侣和朋友不是必须尊重你,如果尊重没有如期而至,那么你会有挫败感但不会愤怒。你的感受和行为都会有所不同。你喊叫的音量会更小,你会更冷静、更愿意交流。

有一点很神奇:当你表明自己的偏好,但与此同时心态上能够接受事情不是一定要按你想要的样子发展,反而更有可能达到你希望的效果。不保证一定如此,只是可能性会更大。

记不记得我曾说过,如果你要求自己一定得通过考试,你很有可能把自己搞得焦虑不堪、复习效果很差、难以入眠,以致考试当天发挥不出自己的最好水平。那么,如果你相信自己只是更想要考试通过,但同时也能接受考试失败的结果,面对同一门考试时,你的头脑就会更冷静。仍会担心?是的。仍会焦虑?不会。因此,你的复习和睡眠质量都会得到改善,反过来这些仍会对你当天的表现会产生积极影响。

当你希望得到尊重,但如果得不到的话也能接受,那么你思考、感受和行动的方式更有可能会赢得尊重。当你想要做到最好,但如果做不到的话也能接受,你仍然有动力去做到最好,你保持动力的同时也远离了失败带来的压力和恐惧,这也意味着你更有可能做到最好。就像前一天刚有人在我的诊所说过的那样:"我还是会督促自己,但不会把自己逼得太过了。"当你"偏好"(而非"绝对需求")生活得更好,但同时也接受当下的状态,你就会把自己从抑郁中解放出来,你也更有可能采取措施去改善现状。

这种"偏好"（以及认识到你不必一定要拥有自己更想要的东西），意味着你更有可能收获积极的情绪和行为，不仅是为自己，也为了他人。

本书的前两部分请你改变看待生活和生活问题的方式。而关于健康信念的章节，则让你在面对生活和生活中的问题时，能够接受不同的生活哲学。

正如十九世纪著名散文家、哲学家、诗人和先验论者拉尔夫·瓦尔多·爱默生曾说过的"生活即试验"[1]，当你接受这里及之后的章节所提出的信念，你可能会惊讶于结果。有些人刚开始时会有点儿胆怯，你可能也会如此，但相信我，你会安然无恙的。如果你不喜欢这种结果，可以随时回到原来的思维方式。

但是，请去尝试并观察一下，当你丢掉"绝对需求"而接受"可以灵活变通的选择"时感受如何？行动如何？有没有什么不同？有没有注意到别人对你的看法和态度有所转变？

还有，更重要的是，你喜欢这些改变吗？

有关"偏好"的一件重要的事

有些人以一种听上去合理的方式改变了"偏好"，但这其实根

---

[1] 先验论者相信社会及其公共机构（特别是政治党派和宗教团体）破坏了个人的纯度。他们声称，人们真正独立时，就是最好的状态。因为一些奇怪的原因，没有政治家或者宗教人士会喜欢这种哲学思想。

本不合理。比如,"我更想要凡事准时,但我不是非要如此",变成了"我更想要凡事准时,但做不到的话也可以"或者"我更想要凡事准时,但是如果做不到的话也没什么关系"。

有些人没有时间观念,他们甚至在紧要关头都做不到准时。还有的人则一点儿也不在意把你丢在那儿等上一两个小时。他们是那种人,真的会迟到很久,甚至都不会注意到你已经气得七窍生烟了。"你好哇。"他们用一种看似无辜的语气说道,然后不明白你为何看起来脸色铁青。(偏好准时的人不在这种人之列。)

理性情绪行为疗法并不会将那些守时的人变成没有时间观念的人。这样的话不仅很奇怪,还会起到相反效果。只要你有一丁点儿时间观念,那么,迟到仍然是不好的。即便你只是有守时的"偏好",它对你来说依旧重要,因为你偏好准时。但是,它变得不再如此重要,以致让你陷入崩溃。

准不准时对你来说仍然很重要。重申一遍,因为你更"偏好"准时,你不会喜欢迟到的,再加上迟到也会带来不良后果。但是,不至于糟糕至极。

因此,要小心"可以的""没关系",你的"偏好"里没有他们的位置。在表达"偏好"时,你唯一需要改变的就是,你不用必须得到你想要得到的。

有些人害怕如果接受了"偏好",他们就会放弃追求梦想,变得懒惰和自满,或者变得有点儿容易妥协。这些事,全都不会发生的。如果这是你的一个担心,那么别害怕,也别烦恼,因为在本书的"常见问题"部分我们有解决之道。

"偏好"不仅让你远离"绝对需求",不仅让你成为想要成为的人,还会赋予你良好的心理状态。[1]

回到质疑的话题

我们曾用三个理性问题挑战了你的不合理信念:

"这个信念是真实的吗?"

"这个信念合理吗?"

"这个信念对我有益处吗?"

结果很明显,不合理信念并不是这样的。我们还要用同样的方法来挑战一下你的健康信念。为什么你认为它们是健康的?为什么我们不能放过这些健康信念?为什么我们要像挑战不良信念一样,有效、合理、客观地去挑战健康信念?

让我们回到科学家的例子上。我已经成功进行了一项实验,彻底改变了我们对爱因斯坦相对论的理解,我觉得自己相当聪明。

我多聪明啊。事实上,我想要把实验写成论文发表在期刊上。因此我把自己的结论拿给同行看。他们会做的第一件事就是问我要论据。而我呢,手里有论据,并且展示了出来。我的工作一丝不苟,而他们也对我出示的论据印象深刻。这是我扫清的第

---

[1] 而且,也就是说,你将以自己想要的方式获得更多你需要的,而不是以自己讨厌的方式得到更多不想要的东西。

一个障碍。第二波攻击来自逻辑的验证。我的研究有意义吗？我的结论和我提出的假设有逻辑关系吗？如果我能摆出逻辑，如果我的发现是通过逻辑一步接一步得出的，那么我离论文发表就又近了一步。我的实验有帮助吗？它在之前的研究基础上有所扩展吗？是否会为之前的研究增添更多有益帮助？是否会为其添加任何新内容？假设以上这些我的研究都做到了，假设它不仅超越了爱因斯坦最初提出的理论，还将它发扬光大。好吧，我的同事欢呼雀跃，我也激动万分，每个人都为我的论文顺利发表而兴高采烈。我要请大家喝香槟！

质疑对验证一个理论是至关重要的，能够起到去伪存真的效果。毕竟我们不希望你是在用一个经不起推敲的观点取代另一个不良信念，是不是？所以呢，让我们将这种思路应用于"偏好"这一信念。

拿一个健康信念举例，"我偏好守时，但不必绝对准时。"在这句话中，你表明了自己的"偏好"，与此同时也否定自己的"绝对需求"。这句话很实际，一方面说明了自己是有时间观念的人，另一方面也承认了"迟到"是可能并可以发生的事。你偏好准时是对的，但有时你会迟到也是事实。你特别想要"准时"的时候，往往会发生"迟到"事件，接受这一点更合乎逻辑。结论"但不必绝对准时"对接假设"我偏好守时"也是符合逻辑的。分开来看，这两点也都算是理性的陈述，可以无缝对接。如此分析，你的理由充分合理。

这个信念也是合理的，能够帮你以更为冷静和有效的方式解决旅途中难以避免的晚点问题。你不喜欢迟到，因为你更偏好准时（你也不必去喜欢迟到），但是你可以用一种理性的方式来解决迟到问题。

当我写这一段的时候，正坐在一趟和之前提到的旅途所乘坐的火车相仿的列车上，不过这次是返程：从伦敦帕丁顿回到布里斯托尔。那么，猜猜发生了什么？火车又一次晚点了。毫无疑问，我们提到的"偏好"正在帮助我渡过心理困境，尽管我心生怒意，但仍能足够平静地写下这些文字。我希望可以跟周围的人说同样的话。

现在，让我们从健康信念的角度来审视我之前提到的愤怒管理问题，也就是多年前我在心理学课堂上展示的那个问题："我更偏好人们不要挡我的路，但要求人们一定不能挡住我也是没道理的。"

这个表述首先承认了我是谁。我绝对是那一类人，更希望别人不要冲撞到自己、不要碰到自己，以及不要绊到自己。正如我早先说过的，我走在路上时，希望所有车站和商店的入口都能神奇地空无一人，让我能自由出入通勤和购物。我很希望成为那些名流中的一员，下令清空商场的一层，只为了他们购物或者去洗手间时更能保护个人隐私。可悲的是，我生活在一个真实世界，一个挤满了人的世界，所有那些撞到我身上的行人都能证明。

"我更偏好人们不要挡我的路，但要求人们一定不能挡住我也是没道理的"，这种说法比"我希望别人不要挡我的路，所以他们就绝对不能这么做"更有逻辑。我的"偏好"是理性的，我对

5. 可以灵活变通的选择:"我希望某事发生,但如果没发生,也可以接受。"

"虽然喜欢但不是必须得到"的接纳也是相当理性的,因此前后两者的逻辑关系成立。

如果我真的相信自己的"偏好",它也会帮到我,确实会很有帮助。时至今日,我仍从中获益。当别人挡在我前面或冲撞到我时,我仍会有轻微的恼怒,但我很少再因此发火了。我控制住了情绪,而不是被情绪所控制。另外,我也失去了这样的担忧:某一天某个人在某个地方,要么打晕我,要么逮捕我。[1]

如果我在短时间内多次被人撞到,我最多也只会语带讽刺地说"真的多谢了"或者"谢谢你挡住了我的路"。不过大多数情况下,如果有人因为撞到我而道歉的话,我都会说"没关系"。甚至就算对方没道歉,我依然会这么说。

我们本身就是各种"偏好"的组成。它们是我们自我的真实映射,帮助我们定义自我,帮助我们与他人发生关联。

我们在日常生活中用"偏好"来表达和交流。当我们说自己喜欢什么,这一般都是真实的。证据不仅可以是事实性的,也可以是经验性的。如果我走进一家旅行社,和旅游代理说起毛里求斯和马尔代夫,但是代理却给我看马盖特和博格诺里吉斯的线路,他们显然无视了我想去异国度假的偏好,我很有可能会怒气冲冲地离开,而他们也不可能再接收到我的度假订单。

假如说,你要请我吃饭,几天前就打电话询问我在餐饮上的喜好。你问我,"你更喜欢羊肉还是牛肉?"我选了牛肉。我告

---

[1] 当被问到是否曾像狗熊一样朝别人咆哮时,没人愿意说:"是的,法官阁下。"

诉你我喜欢牛排。我希望的是，你能请我吃顿牛排。然后你问我："你更喜欢太妃糖布丁还是提拉米苏。"然后我回复说："天哪，我太喜欢太妃糖布丁了。"那么，我希望的就是，你拿太妃糖布丁来招待我。你不用怀疑我的偏好，原原本本接受它们就好。[1]

"偏好"信念也的确帮到了我那位总买"道歉康乃馨"的CEO患者。据我所知，他再也没有因为咖啡事件买过任何道歉花束了。

因此，如果你坚持的是"绝对需求"，那么这种不健康信念就会把你搞得一团糟……它们会使你愤怒、焦虑、抑郁，并且引发你其他的不良情绪和无助行为；而"可以灵活变通的选择"会帮你成就一个更加健康、快乐的自我。它们也同样会对其他人起到惊人的良好效果，对你的爸爸妈妈、伴侣、儿女等等。

如果你不再告诉别人必须得这样或一定得那样，而是只将自己的要求作为你的"倾向"或"偏好"提出，之后，你会惊奇地发现，周围人是多么友好和配合。这么多年来，不止一位患者已经把逆反的儿子或女儿改造成理想的小孩，只用了这一句："好吧，你不一定要这么做，但是妈妈/爸爸/照看你的人更希望你能做到这一点。"

也不是所有时候都这么顺利的。有时，你还是会大喊大叫："你就得这么做，因为我是你妈妈/爸爸/照看你的人。"这时候，

---

[1] 不幸的是，这种理解并不适用于儿童。"吃掉你的西蓝花。"你说。"但是，我不喜欢吃西蓝花。"他们说。"不，你喜欢。"你说，"就现在，全都得吃掉，否则你就不能吃太妃糖布丁。"

5. 可以灵活变通的选择:"我希望某事发生,但如果没发生,也可以接受。"

有一种安全的做法:你可以提出一个有条件的"绝对需求"——ABC 一定要发生(照我说的做),否则 XYZ 就会发生(你会有大麻烦,小伙子 / 小姑娘 / 年轻人)。

"偏好"还有一大好处就是,如果人们头脑中有此信念,那他们在表达偏好时就会理性得多。如果人们坚信"偏好",那他们在遇到麻烦时也更有可能保持洞察力,这些将带领我们进入下一个关于健康信念的话题……

6. 反糟糕化的洞察力:"某事不好,但不至于糟糕至极。"

> 我不怕风暴,因为我正在学习如何驾船远航。
>
> ——路易莎·梅·奥尔科特

你愿意看到事情真实的一面,而非小题大做或者让它们看上去比真实情况更糟糕吗?你愿意在遭遇逆境时仍保持客观,无论后果多么恶劣或者你所处的境地多么可怕?你愿意。太好了,那么欢迎来到"透视"的世界,在理性情绪行为疗法中也被称作"反糟糕化"。

好吧,这句话听起来好像有点儿"星际迷航"的感觉,至少对我来说如此:"长官,我们已经失去了对'反糟糕化'舱室的控制。一切都已到达临界点,稍有不慎就要爆炸了!"

不过没有什么会达到临界点,也没有什么会马上爆炸。对"反糟糕化"而言,什么事都不会恶化到那种程度。"反糟糕化"是一种健康、理性的评估方式:对已发生事件的恶劣程度进行合理评估；在你的"绝对需求"没有达到时，抑或你头脑中刻板而绝对的规则破灭时进行理性分析。

需要承认的是，我们生活在一个会发生坏事的世界，而坏事发生时，我们的确不需要强颜欢笑。这个世界上确实有你不喜欢的事，有时候，你还不得不打落牙齿和血吞。这并不美好，但却不是世界末日。什么都不算是世界末日，除非真正的世界末日。

如果你升职失败了，如果有人不尊重你，如果拥挤的人群挡住了你的去路，如果你的火车没能准点，都不算是好事（特别是如果你渴望升职，想要得到尊重，不喜欢被拥挤的人群挡住去路，喜欢守时），这些都是坏事。但你可以想想有些事更糟糕，至少现在，没人生病，没人去世，你有盘中餐可果腹，头上有片瓦可遮蔽风雨。

所以，这里的坏就是坏，不多不少。

英语里有不少成语或谚语，能够概括这个特别的信念体系："更糟糕的事发生在海上"[1]"无论安排得再好，结局也难料""黎明前的时刻最黑暗""人生就是这么回事"，甚至"这就是人生"（在英语里比法语里更常用），或者简单来说"倒霉事总会发生的"。所有这些，本质上来说，都是对"事情永远不会像表面上看起来的那么糟糕"的一种理解。

"反糟糕化"非常冷静地声明，得不到你想要的或许是坏事，但这绝不是你能想到的最坏的事，也不是实际发生的最坏的事。我们每个人的头脑中都对坏事有一个程度和范围界定，不仅是已

---

[1] 意思是情况还不算太糟。——译注

经发生的坏事，还包括有可能会发生的。我对坏事的界定不同于你的，而你对坏事的界定也与你最好朋友的界定大相径庭。这种程度界定是不断变化的，它起起落落，和你生活中已经发生的、可能会发生的不良事件有关。

例如，有些人对于考试失败不怎么上心，那么这件事对他们来说不幸程度就很低，而其他人会觉得考试失利是天大的不幸。你有权根据自己的感觉对事情的恶劣程度进行评估界定。但是，无论你的不幸是什么，无论它发生在哪里，你都能想到比它更坏的事。这么做可以让你更有远见，能够看透所有事件和情况。

当你持有"反糟糕化"信念时，当你有了这种远见和大局观，你眼前的问题就只会是小丘而非高峰。无论你面临何种危机，都不会给它"加戏"。

喜欢小题大做或者夸大其词的人每当遇到问题或恐慌时，都容易像无头苍蝇一样四处乱飞，担心因为当下的坏事引发更多祸患。能发现事情不妙但不至于糟糕至极的人，常常不会过于忧虑。因为他们知道，已发生的并不是什么大事；未发生的事毕竟也还没发生，况且他们会着眼于解决方案，以便出现的问题能够得到解决。

如果你能用这种方式来看待问题，生活将从"戏剧化"中解放出来。

听上去很棒吧？毕竟，谁不想要过平静的生活？不过，怎么才能过上这样的日子？如何让自己达到这样的境界？怎样才能在危机中避免慌乱？

不要忘了"质疑"

可想而知，我们又要回到三个理性的"质疑"问题了。"相信事情只是不好而不至于糟糕至极"，不仅有证据能证明这种想法是对的，而且在逻辑上也能确切地推论出这种想法比与它对等的不良信念要有帮助得多。特别是当你的目标是面对挑战要保持镇定，或者你在失去所有的时候仍能保持冷静时。

还记得来找我的那些谢顶人士吗？"脱发糟糕至极"现在要变成"脱发不好，但不至于糟糕至极"。

这一信念是正确的。如果你希望自己的头发要比现在多一些，那么一旦头发没有自己想象中的多，你就会不高兴。因此，对你来说，这确实是件坏事。而你的脱发也可能引起其他消极后果。谢顶人士在诊疗室里提到的顾虑——也是我早先提到过的，例如不喜欢脱发，感觉自己缺乏男子气概，因此找不到合意的伴侣，被其他人嘲笑轻视，还有下水道经常被头发堵住，等等——都证明了脱发真不是什么好事。

这是件坏事，因此"谢顶"就在你所界定的恶劣事件里。但是，你可以想到很多比"谢顶"更糟糕的事儿，每一件都会多多少少比其他事更坏些，要看它们处于你界定的恶劣范围中的哪个位置。你也可以列举出一些好的方面。（杰森・斯坦森！布鲁斯·威利斯！[1] 节省了理发的费用！）"糟糕至极"是不存在的。[2]

这也是合理的。说谢顶不是件好事是合理的（特别是如果你是那种喜欢有头发的人）。然而，说谢顶并不是糟糕至极也是合理的（即使你是那种喜欢有头发的人）。后者（并不是糟糕至极）和前者（谢顶不是件好事）是有逻辑关联的。

"脱发不是件好事，但并非糟糕至极"，这一想法也会帮到你。你再也不会一开始就小题大做，你会看到问题本来的样子，你会更有远见。相信这种信念的人，会用原本治疗脱发的钱买上几把理发推子。他们学会与自己和平相处，天冷的时候往头上戴顶帽子，暴晒的时候在脑袋上涂防晒霜。

相信这种信念的人，可以清醒地意识到，有人觉得茂密的秀发很酷，就有人觉得光头性感，每个人都能找到幸福，也会拥有自信的性感造型。他们因此得到释然。"反糟糕化"可以帮你零距离解决任何问题。

在我之前工作的公司里，每当困难来临，有人会情绪崩溃，叫嚷着"简直是噩梦"，还有人则冷静地观察、妥善地处理，让所有事回归正轨。我就是后者中的一员。但是我们都有自己的阿喀

---

[1] 两人均为知名男演员，经常以光头硬汉形象出现在影视作品中。
[2] 不过，不止一个人提过他们节省在理发上的费用又都花在了背部蜡疗脱毛上。尽管基因可能会让你少了点什么，却会在其他地方赐予你补偿。

琉斯之踵[1]。而且现如今你们也了解了我的一个弱点，即对拥挤人群的厌恶，但这次，我们用理性的方式来表达："人们挡住我的路是不好的，但并非糟糕至极。"

这个想法是对的，对我来说正确无比。甚至时至今日，尽管已经践行理性情绪行为疗法多年，我依旧不喜欢拥挤的人群，不喜欢有人挡住我的路。我在拥挤的地方产生的沮丧情绪可以证明这一点。重要的是，我不必去喜欢和接受这些，我不必改变自己的喜好，成为那种永远喜欢拥挤人群的人。当我能够想到许多比这更糟糕的事情时（包括已经发生在我身上的），别人挡住我的路这事儿也就算不得糟糕至极了。承认这是坏事，理解自己不会并且永远不会喜欢拥挤人群，是理性的，因此可以证明这个信念是合理的：从一个观点（我不喜欢别人挡住我的路）可以有逻辑地得出另一观点（但其他人挡住我的路并不是糟糕至极）。这个信念对我也是有帮助的。特别是它帮我控制住了情绪，让我看到问题的本质，让我在想要和需要时能再次融入熙攘人群之中，而不需要拳打脚踢。[2]

不过这个信念仍不能让我成为一个好的购物伴侣。逛街仍然在我的"坏事"黑名单里（这份黑名单列举我不喜欢也不用必须去喜欢做的事）。

---

[1] 阿喀琉斯，是凡人英雄珀琉斯和海洋女神忒提斯的爱子。忒提斯为了让儿子炼成"金钟罩"，在他刚出生时就将其倒提着浸进冥河。遗憾的是，阿喀琉斯被母亲握住的脚后跟却不慎露在水外，在全身留下了唯一一处"死穴"。后来，阿喀琉斯被帕里斯一箭射中脚踝而死去。阿喀琉斯之踵现引申为致命的弱点。——译注

[2] 这让很多人都松了口气。

你为何总被情绪左右

心理创伤二三事

当你受到心理创伤时，可以行为失常，可以愤怒、抑郁、焦虑、麻木，这些反应都是正常的。理性情绪行为疗法对经历心理创伤的人来说并不是一味良药。

早先说过，如果你正在经历或刚刚经历了创伤性事件，最好是从心理辅导看起。在安全的空间内处理情绪问题对你来说更合适。在处理创伤事件的过程中，虽然理性能提供一定帮助，但若能够叫喊出来，大声斥责这个让你受伤的世界，也是极好的。[1] 尽管本书列举出来健康而理性的信念能够帮助你在面对创伤事件时更好地控制自己的情绪和行为，但在创伤发生的当下，你仍可以大声喊出"必须""绝对不能""糟糕至极"和"噩梦来临"。

如果你还没有从创伤事件中走出来，那么，可以日后再尝试理性情绪行为疗法；如果你在某件事情发生后积年累月仍走不出困境，仍感到愤怒、抑郁、焦虑或者内疚，那么，理性情绪行为疗法正适合你。

如果你告诉一个刚刚痛失所爱的人这不是世界末日，他不久就会找到其他恋人的，你很可能会得到一顿胖揍。[2] 我曾经诊治过几位铁路公司的员工，他们的工作面临不少紧张和压力，甚至还有人压力大到有了自杀倾向。特别是有人选择卧轨来结束生命，

---

[1] 认知行为疗法中有一种特殊疗法叫作"创伤聚焦"，也被证明疗效甚佳。
[2] 你也一定会被他们从圣诞送礼名单中除名。

这是一个给人带来很大精神压力的创伤性事件，不仅是对当事人的家人，还有当班火车上的乘客、乘务员、清理事故现场的工作人员，尤其是涉事火车司机。

他们暂时离开岗位，花费大量时间来治疗心灵创伤，还有人前来诊所做心理咨询来加快疗愈进程。但是也有人丝毫不受影响，希望可以提前返岗工作。他们并非缺乏人道精神，也不是缺乏同理心，只是试图以不受困扰的方式看待已发生的事件。

他们说，这就是自己工作的一部分。他们不希望此事发生在自己身上，但他们也能坦然接受发生此类事件的可能性，事情虽坏，但不是他们能想到的最糟糕的事。有些人在面对创伤性事件时，能够通过理性来摆脱阴影。

关于创伤性事件讨论得差不多了，让我们再回到那些不合理信念。

若想知道，你是不是因为"绝对需求"没有实现就把事情"糟糕化"了，可以问问自己："我受到极度困扰时，有没有崩溃？我有没有夸大其词？"想象自己在最受困扰之时的状态是很重要的。如果你想象不出，那你就很有可能给出一个理性的答案（不，我没有夸大其词）。我们想要的是，你给出一个自己处在非常生气、郁郁寡欢和恐慌万分的情绪时的答案。因为即便我们能做到理性，如果我们心怀"绝对需求"，理智也会离开我们。它会扬长而去，享受假期去了。[1]

---

[1] 而且它会从此杳无音信。

审视你的感觉，想想它们在告诉你些什么。如果你感到糟糕、可怕或崩溃，那么这些情感的背后就藏着糟糕、可怕或崩溃的念头。

同样，如果你确定找到了那个糟糕的念头，就可以自动得出一个结论，这是一个"绝对需求"在作祟。例如，如果你说"老板和我说话的时候真可怕"，那么你一定因此烦恼不已，也可以自动得出一个结论：你要求"我的老板一定不能跟我那样说话"。

如果你找到了这个"绝对需求"，就可以将其转变为一种"偏好"。那么当你发现了一个糟糕的念头，就可以顺藤摸瓜找到背后的"绝对需求"，然后顺势建立一个"偏好"和"反糟糕化"的信念，例如："我更希望老板不要对我那样讲话，但是要求他一定不能这么做也是没道理的。""他们向我口出恶言很不好，但并非糟糕至极。"

对坏事的程度界定：温馨提示

当你在评估一个已经发生的事件的恶劣程度时，可能会将它与其他事情做比较。有的事已然发生，有的事尚未发生或者几乎不可能发生。这时，请一定不要庸人自扰，再次深陷对这些事情的担忧之中。[1]

比如说，你发现身上有个奇怪的肿块。一个极其悲观的人会立即想到所有最坏的情况：这是癌症，已经恶化了，没办法手术，而

---

[1] 焦虑让你担忧各种纷杂之事，大部分是还没发生的。

且是晚期。他们很可能立刻上谷歌搜索症状来确认自己的诊断,让自己的焦虑情绪雪上加霜。他们会去医院挂号预约,在看病之前一直惴惴不安。他们不满意医生的意见,在活检结果和诊断结果出来之前不能消停。恶化和晚期这两个词会一直萦绕在他们心头。更重要的是,他们会表现得好像这些坏事已成事实,并不堪其扰。

面对同一个不知名肿块,一个"反糟糕化"的人却有完全不同的看待方式。他们更有可能做出相对中性的表述:"我身上长了一个肿块。"他们不会去谷歌搜索病症,而是持续观察情况,并去医生那儿挂号预约。他们也会有一些必要的关注,但仅止于此。他们会耐心等待医生的诊断,而且接受医生的判断。如果医生提到"活检",这也会引起他们的关切,但不会因此焦虑,因为结果还没出,担心也无用。一个活检,并不是诊断结果。

对此,我曾有过亲身体验。多年前,我的下唇上长了一个奇怪的蓝色肿块,在嘴巴里,不大,但是一直不消。我并没有担心,却也看了医生。"哦,"医生说,"我最好把你转到专家号。"我按时前往。"哦,"专家说,"我们最好做一个活检。"于是我做了活检,我仍然不担心。"哦,"结果出来的时候,专家又说道,"我们最好还是把它拿掉吧。"这时,我开始有点儿担心了,但没到焦虑的程度。

手术前两天,我应邀去见了操刀的外科医生。"你确定要做这个手术吗?"他问道。这让我疑惑不已。这真的是个需要马上被切掉的危险肿块吗?答案是否定的。结果证明我只是长了一个良性脂肪瘤。在唇部进行切除手术很麻烦,因为这是一个湿润又敏感的部位,更何况脂肪瘤切掉之后还可能再长回来。同样,它也可能自行消失。

有鉴于此，我选择维持原状。一天，我醒来后发现小瘤子不见了，但是我真没把这事儿放在心上，所以也说不清具体是什么时候消失的。"反糟糕化"信念让人明白，遇到问题有必要谨慎点儿，但不必过分焦虑。不过，事后看来，我觉得当时应该再进一步问问专家活检结果到底如何。关注是一回事，但是不闻不问又是另一回事。

无论发生什么，我的一位朋友总会说："更糟糕的事发生在海上。"他打心眼儿里这么认为，意志坚不可摧。这是"反糟糕化"起了作用。

而我的另一位朋友，生活中接二连三发生灾祸，变得非常抑郁，也同样焦虑（两种情绪轮番上阵或一齐上阵）。我从来没有用过理性情绪行为疗法对她进行诊疗，因为对认识的人进行心理治疗从伦理层面来说不太合适。但是，我还是在日常交往中不断向她渗透理性情绪行为疗法的信念：打电话时，吃午饭时，或者在酒吧喝上一两杯的时候，等等。我挑战了她的每一个"糟糕至极"和"噩梦来临"，帮助她用健康信念来进行替代。在短短几个月里，她在我们对话时经常警惕地问道："这是理性情绪行为疗法吧？是理性情绪行为疗法，对不对？我不认同的。听起来很蠢。我知道你在干什么。对我不会起作用的。你知道，这么做没用。"直到有一天，天气晴朗，她像一阵风一样冲进我们约好见面的酒吧，一屁股坐下，还没等我们互相问候的"哈啰"说出口，她张口就说："我恨你。"

我露出天使般的微笑，瞪着无辜的大眼睛问道："为什么呢？"

她在工作中遇到一些让人崩溃的棘手问题，就在她情绪即将爆发时，她想起了我们的一段对话，听到了我的声音在说："真的是如此可怕吗？你能想到什么比这更糟糕的事儿吗？和你经历过的其他坏事相比如何？"事情经过就是如此。这已然足够，她的戏剧化反应偃旗息鼓了。

我还有一个朋友，尽管我用尽全力，他仍旧冥顽不灵，夸大事情的糟糕程度。无论我怎样润物细无声，他看问题仍然很极端。这个案例也表明了心理疗法和生活一样真实：可悲的是，你其实帮不了每个人。

这些年来，有的人认为世界末日是一件糟糕至极的事件，因此，对万事都抱有一种理性态度是有其局限性的。这些人举出各种世界末日的可能形式来支持其观点，其戏剧化程度堪比世界末日已成既成事实。

尽管如此，利用看得更远的"大局观"，你可以畅聊关于世界以何种方式走向末日的话题，讨论哪种结局会更糟糕。利用这种"大局观"，你也可以证明世界末日也能带来些许好处。如果世界末日到来（由于气候变化、生态系统崩坏），那么地球将休耕几千年（就像之前发生过的那几次一样），然后重新开始。如果世界因一场大灾难而爆炸成碎片，那就更糟了。但还有一种可能，来自我们世界的碎片携带着化学信息穿越广阔的空间，最终在遥远的世界播种出新生命。[1]

---

[1] 这被称作"宇宙胚种论"。该理论认为地球上的生命起源于从太空传播到这里的微生物和化学成分。

"反糟糕化"，理性评估已发生事件的恶劣程度（或者你的"绝对需求"没被满足而导致的糟糕程度）。事情很坏但不至于糟糕至极，这种想法是正确的、有意义的，并且对你有所帮助。它使你在面对任何困难时都能保持冷静和坚定。通过这种想法，你可以获得看清问题本质的能力，看到事情原本的样子，而不会夸大其词。

如果你用这种方式看待事情，眼前的问题就都是小丘而非高峰了，没有经过戏剧化夸张演绎的危机，你会看到它本来的面目，它在你的坏事界定范围内的位置，它和你生活中其他已经发生、正在发生或者可能会发生的坏事也有关系。

"糟糕至极"的信念让你感到困惑，无可奈何，而"反糟糕化"让你看得更远，超越坏事本身到达另一端，要么接受现状，要么最终解决问题。

如果你在"反糟糕化"方面做得十分优秀，你可以接受生活中的任何挑战和消极事件，就像我那个意志坚定，相信"更糟糕的事发生在海上"的朋友。坚持这个信念，你永远都能看得更远、更透彻。

现在让我们以此为基础继续前进，怎么样？如同与"戏剧化"的斗争，我们还要接受"低耐挫力"的攻击。作为"低耐挫力"的替代品，有一种健康的信念，一种更好的看待和应对压力、挑战的方法，让你即使身处逆境，也可以继续前行，而不会挂掉、崩溃、情绪起伏如溜溜球，或在极大的愤怒中爆发……

7. 高耐挫力："虽然情况困难，但我能应对。"

生活始于舒适圈的尽头。

——尼尔·唐纳·沃许

若说有什么可以代替"低耐挫力"，那一定是"高耐挫力"（似乎也是意料之中），也可以称作"如果我得不到想要的或许会难过，但却知道如何应对求之不得的情况"。

一段时间前，"抗压能力"一词在压力管理和商业管理工作坊间颇为流行。不久前，备受欢迎的讲座和主题演讲中充斥着这一类的标题——"建立情绪和心理的抗压能力""如何让员工在第三季度保持抗压力"，但这一明星词汇的热度大不如前了，真是可惜。因为无论何时何地何人谈到"抗压能力"，或者情绪复原力、心理韧性，他们指的都是"高耐挫力"。发展这项能力很重要，不仅对个人，而且对你的心智和周边人也是一样。

英语里有些谚语包含了"我能应对"的概念："那些杀不死你

的,终将使你更强大"和"前路艰险,勇者向前"。[1]我们还有一些卡拉 OK 金曲唱出了这一信念,比如热门歌曲凯莉·克莱森(Kelly Clarkson)的《坚强》("那些杀不死你的,终将使你更强大"便出自这首歌),比利·欧逊(Billy Ocean)那首《艰难时,迎难而上》也暗合了"高耐挫力"的理念。但是,他们怎么做到的?当前路变得艰难时,为什么有些人砥砺前行,而有些人崩溃退却?

以理性情绪行为疗法的观点来看,崩溃的人深信,情况变得艰难时,他们无法应对,而另外一些人觉得,他们可以应对。重要的是,此时情况仍然艰难,一点儿也没有变轻松,只是你变得更强大了。因为人生在世总会遇到难事,生活赐予你挑战,你经常要跨出舒适圈,去面对不怎么愉悦的事实。就算有了"高耐挫力",我们也不会否认困难确实存在,只是知道了自己有应对困境的能力,你会发现你曾经处理过难题,并且由此可知你将来会再次应对困难。

目标受挫会让人沮丧,畏难的人难以应对。若你渴望成功,却遭遇失败,这是一种挑战。对你喜欢的东西说不(比如说一瓶梅鹿辄红酒或者甜点菜单上的所有美食)确实不爽,但勇敢说"不",并不会让你倒下。

如果你没被干掉,那么这事儿你就应付得了。你可能觉得不

---

[1] 在这类谚语中,我个人的最爱是"磨难给予你病态的幽默感和奇怪的应对策略"。这里的某些应对策略你可能想要与理性情绪行为疗法同时进行;另外一些则体现了你的个人风格;还有一些策略虽然稀奇古怪,但你也会欣然接受。

行，但其实你可以的。这件事或许挺难，或许很有挑战性，或许比较极端，但如果它没有干掉你，你就可以应对。像我在本书早先提到的那样，迄今为止，你在生活中的每个挑战中幸存了下来，甚至你觉得自己忍受不了，你也都熬过来了。

我曾遇到一位患者，是带领一个五人团队的项目经理。可是，他无法信任自己的团队能够达到他的工作标准，因此他总要过问队员们负责的项目环节，甚至亲力亲为。这就意味着：一、他总是加班，而手下的人却都按时下班；二、他其实干着六个人的活儿；三、他非常累、压力很大，对自己的团队感到失望，因为他得不到支持。当我问他，为什么不能把手里的工作下放给团队去做，他说："那怎么行，我可受不了。"所以，我就着手为他建立起"高耐挫力"信念，即："我更想自己完成所有工作，但不是必须这么做；我发现放手让别人去做很困难，但我知道自己可以应对这一情况。"之后，我让他把工作下放，责任到人。这就使他需要忍受两种沮丧情绪：一是他必须忍受信任团队带来的惶恐，二是忍受团队成员达不到他的工作要求带来的无助。

当他做到这些时，令人惊讶的事情发生了。好吧，惊讶的是他，不是我。他手下的团队工作效率竟然提高了，工作质量也很高。

之前，他无意间给自己的团队成员养成了一个习惯：不管他们有没有做好自己的工作，他都会接手并帮他们做完。所以，团队成员就认为工作只需做个差不多的半成品就能交差，因为根据现有认知，他们有把握自己不必返工。而自从他决定把工作交还给团队成员，并告诉他们加班加点也得按要求完成任务时，团队成员们的工作态度完全转变了。没什么人喜欢加班，特别是返工。更重要的是，我的患者学会了去信任团队成员，给别人委派更多任务，按时回家，提高生活质量。

相信情况虽困难但尚可承受，这个信念是正确的。无论这道难题是一个人、一项"截止日期"，还是一项要求严格的工作，你的压力、焦虑、沮丧或者不健康的应对策略都能证明其困难性。而事实上，不管你是逃避应对、无所作为，还是迎难而上、积极解决，这些都有力地证明了你可以承受。表明事情困难、有挑战性、有压力是理性的，相信自己有能力应对所有困难和挑战同样是理性的。两者间存在逻辑关联。最后，相信事情困难但可以承受，相信自己可以应对挑战和挫折，对你来说也十分有益。这样的信念会让你鼓足勇气，无畏前行。简言之，你的应对策略就是以最好的方式迎难而上。而你自己本身会变成一种应对策略，因为你变得强劲有韧性，可以抵御莎翁所说的"狂暴命运麾下霜刀雪剑的摧残"，你的身心都已足够强悍。

拿我厌恶拥挤的人群这件事来说，此刻我的健康信念应该是："有人挡住我的路让我烦恼，不过可以忍受。"这个想法没错，我觉得厌烦也没错。有的人不这么觉得，因为他们不在意，也不介意在拥挤的人群中被推来搡去。[1]

可是，那不是我。时至今日，面对人群时我仍觉得有点儿心烦。即便我再也不会低声咒骂、大喊大叫，或像熊一样咆哮、推开挡在

---

[1] 真是奇怪的人。

前面的人，我依然做不到完全冷静、镇定自若。如果有人挡住我的路，我依然觉得不自在。这就是真实的我。而我能够克服人群带来的困扰和压力，也同样是事实。我没有因此倒下，没有爆发在怒火之下。这表明我觉得困难是合理的，相信自己能够应对同样是合理的。两者之间存在逻辑关系。多年来，怀揣这一信念让我受益良多。如果我愿意的话，我可以出门体验人群大冒险；去光顾商场，我也应付得了。如果我避开上下班高峰出行，那仅仅是因为我可以这么做，而且这么做有意义；但如果你把我置于上下班高峰的情境下，我依旧不会生气，并且应对自如。我开心，我的朋友们开心，不小心撞到我的人也开心。他们说："真对不起。"我回答："没什么。"

当然，知道自己应付得了某件事，并不意味如果你不想承受这件事的时候还必须承受。这是件好事。不止一个人来我这儿问诊的时候，是因为工作压力请了病假。之后他们满怀着对健康信念的信心重回工作岗位，然后意识到，他们的确可以应对现有的工作压力，但这不是必需的。更重要的是，他们并不想要这样的结果。最后，他们做了一个非常理智的决定，另外再找一个压力小点儿的工作。

有两种不作为，一种是你觉得自己应付不了，另一种仅仅因为你不想去应对。这两者之间天差地别。我已经证明了自己能忍受别人挡住我的去路，即便如此，我还是会尽量避免。别人挡住我的去路时我不会生气，有了这个新办法，我也拥有了自由。自由做出选择，在我想要或必要的时候自由进出人群，同时也有不去的自由，特别是我既不想又不需要的时候。

但是，面对那些不可避免或别无选择的事情时，你又该怎么办呢？

让我们回到"谢顶"的话题。很多人觉得难以承受"谢顶"之痛，因此，我们花费了很多精力帮助他们建立健康的"高耐挫力"信念："我知道脱发是痛苦的，但我知道自己能忍受。"对他们来说，这个信念是正确的。他们的确觉得很痛苦。他们时常发作的抑郁和焦虑、不安全感和其他类似的情况证明了这一点。他们只能将一侧头发留长后遮盖秃顶，哀悼那逝去的、可以随意修剪流行发型的时光。但他们仍好好活着，还常常在我的诊所里为失去的秀发哀叹呻吟，这些也是事实。没人因为"谢顶"而死去。[1]

说他们感到痛苦，是理性的；说他们可以承受"谢顶"带来的痛苦，也同样是理性的。两者在逻辑上可以并存。男性谢顶（一种最为常见的脱发类型）一般30岁左右开始显现，差不多一半的男性在50岁的时候会受此影响，了解并相信这一点很有意义。如若不然，男性人口将定期减少。

这个健康信念真是帮了男青年一个大忙，将他们从抑郁中拯救出来，帮他们控制住焦虑情绪，帮他们重拾信心、找到安全感，让他们相信自己：单身者可以找到女朋友，有伴侣的也不用担心会被另一半甩。还有，用不着再花成百上千英镑去购买什么治疗

---

[1] 除了2017年莫桑比克发生的一系列奇怪的死亡事件之外。当时，秃头男性被杀害，因为有人认为他们的头中含有黄金。他们确实是因为这个原因被杀害的。但在这个事件里，他们没有被"脱发"杀死，而是因为秃头被其他人杀害。

脱发的药物或产品。

世上你唯一忍受不了的是要你命的事。如果你没被打倒，就说明你承受得住，无论有多难。你的秃头不会干掉你，但若有人敲开你的脑壳看看里面是不是藏了金子，那可真会要了你的命。

不管困难是什么，难度有多大，都不会一直持续下去。还有一句谚语"一切都会过去的"涵盖了"我能应对"的意思。这不仅是对短暂人生明智而严肃的反思，而且还给我们重重地敲了黑板：到目前为止，你已经百分之百经受住了生活抛给你的种种难题和考验。

诚然，秃头会伴随你一生，但由此引发的郁闷却不必常伴你左右。日本作家村上春树说过一句著名的话："痛是难免的，苦却是甘愿的。"当你认定自己应对不了，必然会经历痛苦的煎熬；但如果你承认困难可以承受，那么你所经受的煎熬程度会很轻，或者根本感受不到什么。更重要的是，宝剑锋从磨砺出，历经磨难会让你的心志愈发坚韧。

"高耐挫力"适用于替换在"低耐挫力"那章提到的不良信念。那么，"我懒得处理"会变成"我发现这很烦很无聊，但我耐得住"。而"难以置信"可以转变为"我发现这个消息难以消化，但我相信"。另外，这些信念是正确的、有意义的，也能帮助你。

事情可能无聊又乏味。有热衷于论文的学生，就有喜欢泡吧的；有放不下手上工作的项目经理，就有更愿意在家看电视的。家务很单调，清洗汽车和鱼塘也一样无趣。生活中充斥着无聊乏味的事，但它们并没有让你一命呜呼。不管人们嘴上怎么说，没人死于无聊。如果你之前做过乏味的事，那你就可以再做一次又一次，你觉得烦是正常的。说事情很无聊（如果你真的觉得它无聊）是理性的；说你可以去做无聊的事，也同样是理性的。两者之间存在合理的逻辑关系。另外，这个信念对你也有所帮助，让你及时着手去做，一步一个脚印；还可以帮你按时开始、按时完成任务或项目，而不必等到火烧眉毛了才将"最后期限"作为开始工作的主要动力。

顺便说一句，如果你谷歌搜索"有人死于……"，那么"无聊"会跳出来占到首位。就此，科学上有明确的定论：人们不会死于无聊，但却会因无聊引发的不健康生活方式而死。

让我们用"但是"来做一下扭转。

如果你说"我很无聊，但是我不排斥去体育馆"，或者"我觉得做饭很乏味，但是不反感用新鲜食材烹饪美食"，之后会发生什么？哈啰，健康的生活方式即将拉开帷幕。

另一个不良信念"难以置信"也可以用同样的方式来化解——有些事你难以理解，但你相信它确实发生了。如果事情发生了，它就是真实存在的。你已经知道了它的存在，但根据经验，你有证据表明自己的头脑里对此并没什么概念。说你难以理解发生了什么是理性的，但承认自己知道事情已然发生也是理性的，两者逻辑上可以共存。这种思维方式也必定能帮到你，让你在新情况出现伊始就尽快做出反应。如果这件事对你的身心造成了伤害，那你也会很快开始恢复疗程。

当你承认困难但也不缺乏承受能力，当你相信自己耐得住乏味无趣，当你接受并试图理解那些令人震惊的事实，生活会变得容易许多。这一切都是因为你变得更强大、更有韧性。

记住,"低耐挫力"赶走了你的健康应对策略,让那些不健康的信念乘虚而入(例如逃避、酗酒、嗑药等)。当你拥有了"高耐挫力"这一信念,"你"将成为自己的健康应对手段。或许你会放手,因为那些不值得成为你生活中的首要压力。或许你会更经常地按时回家,因为那只是工作而已,明早再做也不迟。或许你会选择去健身房挥汗如雨,而不是去酒吧夜夜笙歌。或许你会选择出去约见友人把酒言欢,而不是独自宅家昏昏沉沉无精打采。或许你会直接剃掉所剩无几的头发,大大方方地展示光头。谁知道呢?但是,无论你在应对难题的时候做出何种选择,都将是最适合你的那个。

我忍不住想知道,如果大学生们进入心理咨询室时已经相信:一、没什么会导致世界末日;二、他们可以应对学生生活中的一切难题,心理老师将会做何反应。我还想知道,如果全体员工都怀揣上述信念,我们的工作压力是否仍会在发达国家中排名第一。

我知道理性情绪行为疗法已经帮助了很多大学生,让他们从容面对大学校园的生活与学习,它也帮助了很多请病假的人重返工作岗位。

但这并不意味着你一定需要坚持面对不想见的人或不想待的环境。这样做既不健康也没效果。有的时候,不想做就不去做也是一种良好的应对策略;而因为认定自己做不到就不去做,才是不健康的应对方式。

像我早先提到的,我曾间接促使了很多人换了一份新工作,因为他们重返原有工作岗位时意识到,自己虽然可以应付工作中的种种，却没有哪个理智的人愿意继续这么做，因此他们转而从事一些不会占用自己过多时间的工作。[1]

一旦我那位常说"赶紧给我弄完吧，可以吗？"的患者的思维方式从"我受不了别人不按我的方法做事"转变到"虽然觉得别人不按我的方法做事很难忍受，但我知道自己受得了"，她的工作和生活都会变得更加愉悦而轻松，不仅是对她来说，对她的工作伙伴和家人而言也是如此。作为新生活的开始，她骂人的次数显而易见地减少了。

而在本书后续的内容中，你将发现，打开正确的"骂人"方式既能缓解压力又有助于进行理性思考。

早先，我讨论了四种"低耐挫力"的类型：情绪上无法包容（你承受不了情绪压力）；权益上无法妥协（你忍受不了不公正，或者挫败感）；无法忍耐不舒适感（你处理不了困难或烦恼）；无法接受现实结果（你忍受不了目标无法达成的结果）。

经过"虽然情况困难但我知道自己能够应对"的过滤，你能想到什么？你会更好地适应工作要求，心平气和地与难相处的人打交道，以正常心态面对未达成的目标和出乎意料的情况。事实上，生活并不会制造太多阻碍你大步向前的障碍。

我们人类注定是情感动物，但有些人却认定自己掌控不了情

---

[1] 这令他们的雇主大为惊讶，尤其是当雇主主动支付了员工的心理治疗的费用时。这只能说明"意外效应定律"（人们的行为总会产生意料之外或意想不到的影响）确实是那么回事。

7. 高耐挫力: "虽然情况困难，但我能应对。"

绪，而另一些人则是没有被教会如何控制情绪。有些人甚至想通过自杀和自残的方式来应对自己的情绪问题。我有个发现，通常情况下，当人们被教会与他们的情绪难题自洽相处时，更健康的应对方式自然会应运而生。有些人能够从容应对那些难相处的人，因为他们变得更善于斡旋，或者不把人际矛盾放在心上，抑或两者兼具。从事运动职业的人身上集中体现了"我能应对挫败"精神。他们能很快处理好失望情绪，马上寻求更好的方法提高自己的表现。如果生活给了你一些酸涩的柠檬，而你坚信自己有能力应对困难，那么你只需将这些柠檬做成你喜欢的柠檬汁就好。[1]

"高耐挫力"，或者说是"我能应对"，或者更确切地说，"我能应对困难、需求和挑战"，让你越挫越勇。它让"那些杀不死你的，终将使你更强大"这句骨感的话变得丰满生动。也意味着，在你继续保留并享受一种"病态"幽默感和奇奇怪怪的应对策略的同时，也一定会摒弃那些不合时宜的想法和应对策略。

接下来，我们会进入最后一个健康信念的话题，也就是能够修复你第四种不良信念的健康思维模式，"诋毁贬低"的替代品。

下一章，你会了解如何接纳自我，甚至爱上自己。不仅是对自己，也是对他人、生活及其包含的方方面面。

如果做不到爱，至少可以接纳所有人和事的本来面目，这样你才会放下怨念带来的沉重负担……

---

[1] 事实上，柠檬是由酸橙和香橼杂交而成，并不是自然产物，而是人工培育成的。因此，用柠檬砸向你的不是生活，而是人。

8. 无条件接纳:"我只是既有价值又会犯错的普通人。"

> 要么你走进生活并拥有生活;要么你置身其外,去为值得的事奔忙。
>
> ——布芮尼·布朗

在理性情绪行为疗法中,与"诋毁贬低"相对的就是"无条件接纳"。无条件接纳自己、他人、生活及其包含的方方面面。这个想法本身包含两个概念,叫作"价值"和"犯错"。这些具体都是什么意思?"无条件接纳"到底是什么?它和"有价值""易错性"又有什么关联?好吧,若要解释清楚这些问题,我先要搬出词典对其逐个解释。

"无条件"的意思是"不受任何条件约束"或"完全不受限制",同时,在这个语境下,"接纳"的意思是"被充分、有效且适当地接受的事实或过程"。"有价值"意味着"足够好,足够重要或者足够有趣"。最后,"易错性"意味着"允许失误或犯错"。

8. 无条件接纳:"我只是既有价值又会犯错的普通人。"

如果你用"无条件接纳"的信念来审视自己、他人或者生活的方方面面,那么你会发现,所有人、所有事在任何情况下都具备自身的完整性和优越性、存在的合理性和重要性,不受任何条件约束,但同时也有出现失误或者犯错的可能性。

我希望接下来,你能看到我将如何用这一信念来处理问题。

生活在这个星球上的每个人,都是既有价值又会犯错的普通人;生活在这个星球上的每个人,都是由千千万万不同事物组成的复杂生物,集合了好与坏,是与非,成功与失败。当下如此,日后亦是如此。

如果你的驾照考试失败了,这只能说明你的考试没通过,仅此而已。如果你失败了五次,也只表示你有五次没通过。如果你失败了一百次,也只表示你可能不适合开车,而做不了这件事并不能让你沦为一个失败者。[1]

即使在同一件事情上失败了很多次,你也不是一个完完全全的失败者,你只是一个既有价值又会犯错的人而已。即使在爱情中没什么好运气,你也不是一个彻头彻尾的输家,你只是一个既有价值又会犯错的人而已。即使在某些方面不是很灵光,你也不是个大傻瓜,你只是一个既有价值又会犯错的人而已。你的人性让你足够优秀、足够重要、足够有趣。

你的价值是固有的、与生俱来的,其他人也同样如此。人人都是会犯错的普通人。生活在这个星球的每个普通人都犯过错,

---

[1] 但请你别说要顺带捎我回家之类的话。

将来还会做错更多事。大大小小的失误，每件事多多少少都会出错。

由于你的价值是天生的，因此你的"附属品"并不能让你增值。你人生图谱中的亮点——正确的选择、成功与成就——不会增加你的价值。没错，这些是人人乐见的好事，在你的人生回忆里是高光时刻，但并不能让你的固有价值增加哪怕那么一点点。

同样道理，你人生图谱中的阴暗面——你搞砸的事、犯过的错、让你沮丧低落的人——都不会让你的固有价值减少哪怕一丝一毫，只能证明，你是会犯错误的，仅此而已。这不是你的高光时刻，可能会让你失落、沮丧，但是你作为"人"的价值不会因此受到打击。

当你以自尊作为准绳，当你玩起了自尊评价游戏，你的心情和自我感知就会与你的成就牢牢绑定。如果你做对了，心情和自信都会随之高涨；如果做错了，两者又都会跌入低谷。如果只关注成功，你会自我评价过高；如果只盯着失败，你会自我评价过低。如果你能够无条件接纳自己就是一个既有价值又会犯错的普通人，你的自信会更加稳定，因为你的自我感知更加稳定了。当你做对一件事（哇！），情绪会高涨，但你的自我感知仍很稳定；当你做错一件事（唉！），情绪会低落，但同样地，你的自我感知依旧稳定。

有人将"自信"建立在"成就"之上，相较而言，以"自我价值"为基石的自信和自我感知则会更强大、更稳定。

每个人都值得体验到良好的自我感觉，这其中也包括你。自

8. 无条件接纳："我只是既有价值又会犯错的普通人。"

我价值源于你对自我本身的接纳，无条件、毫无保留地接纳：好与坏，是与非，所有你过去、现在和未来取得的成功与失败。而建立在固有自我价值认可上的自信，则为你带来愉悦而积极的自我对话。无论你顺利完成某事之后情绪高涨，还是你搞砸某事之后心情低落，你对自我的评价和认知会一如既往，并不会随之起起伏伏。

你是一个既有价值又会犯错的普通人，就算你失败了，搞砸了或者在某个方面的水平并不尽如人意。不要再相信那些愚蠢的格言，什么"豹子改不了自己的斑点"[1]或者"江山易改，本性难移"之类的。

每个人，不管他们是谁、做过什么，都是一个既有价值又会犯错的普通人。没错，世人皆如此。每！个！人！

从理论层面来看，哪怕独裁者身上也是好坏并存，成败并举。我们需要相信这一点，这不是为独裁者正名，而是为了我们司法体系的进步；没有这点信念的话，就不会有所谓的改过自新。犯人怀着可以改过自新、重返正常社会的念头接受监禁。如果他们是没有价值、只会犯错的人，又怎么可能做到上述内容呢？

可是，有些人，尽管他们的人生图谱中不乏亮点，无奈他们的"阴暗面"实在太多或太大，因此只有被终身监禁（如果是仍

---

[1] 豹子不能改变自己身上的斑点，此话没错。这属于他们的自然保护色。但用来比喻人的话就是胡扯。人会改变，能自我修复、改进。或许会有人再次不忠，但也会有人改过自新、绝不再犯。

存在死刑的一些国家，那他们的生命也就到头了）才是对社会最大的贡献。肯定有足够多、足够大的"阴暗面"给予你充分的理由对希特勒进行裁决，假使他还活着的话。

无论怎样，你不是希特勒。你所诋毁贬低的人也不是希特勒。你，还有其他人，都是既有价值又会犯错的普通人。

如果你拿"希特勒"来证明憎恨自己和他人是正当的，那么，请问问自己为什么。你，或他人究竟做过什么，让这种仇恨看起来如此公正，值得如此消极的自我评价？最差的人也有优点，最好的人也有缺点。这就是人类。

还是不相信我对人类价值的描述？那让我们来谈谈孩子吧。

你有孩子吗？假设你有吧。如果有一天他们回到家后说："妈妈 / 爸爸 / 监护人，我真的太失败了，成绩垫底，朋友们也不理我了，我就是个怪胎，一无是处。"你会赞同他们的说法吗？你会不会说"是的，宝贝。没错，你就是这样的？"我真心希望你给出的答案是"不"。每次我在诊所里拿这个举例时，得到的答案都是否定的。

不，你不准备认同他们的说法。你是好的父母 / 监护人，你会让他们了解自己非常优秀，因为他们本就如此。你会说，虽然发生的事让人失望，但更重要的是，这些令人失望的事并不能决定他们的价值；只要他们接受并相信自己，今天的失败就会带来明天的成功。

换种方式来说，想想你的孩子，你最好的朋友的孩子，或者其他任何小孩，放在之前的情况下，你会不会觉得，如果他们做正确的事就变得更有价值，做错事就更没价值。如果你对孩子产生不了同理心，或许这个案例中的孩子可以换成你的至交好友。如果他们因为一时倒霉就认定自己是无用之人，你会同意吗？他们在你心里的分量会因为他们一时的作为或不作为、取得的成功或遭遇的失败而改变吗？不，当然不会。如果你觉得会的话，那你有必要审视一下自己对待友人的态度了。[1]

如果事情发生在孩子或朋友身上，你可以很清楚地看到他们的固有价值。因为，不管你喜欢与否、相信与否，这同样适用于你。对你不喜欢的人，所有惹你生气的人来说，也同样适用。

你是一个普通人，是在这个星球上生活的八十亿人口中的一员，和所有人一样，会生老病死。生死有命，我们无从做主，然而是在名为"人生"的疯狂旅途，时对时错，时好时坏，你会在一些方面取得成功，在另一些方面遭遇失败，你有令人自豪的光环，也有不愿示人、难以启齿的糟事。人人都是如此，在这一点上，众生平等。我们有着不同的技能，不同的资质，不同的人生阶段，不同的社会经济地位，但我们都是独一无二的复杂生物，有好有坏，时对时错，曾经如此，将来也是如此。

你的成功不会增加你的价值，同样你的失败也不会让你减损分毫。你的价值是天生固有的。理性情绪行为疗法建议你以此为基础，树立自信心。

我曾邀请各位读者进行一项艰巨的任务，即对自己进行事无

---

[1] 如果你对朋友也没法产生同理心，我就要用小狗狗来举例了。

巨细的评估，每件事都要打上对钩或叉。最终，你只会发现一个事实：尽管你可以评价每件你能想象得到的事，却完全不可能仅通过其中某一件事来确定对自己的评价。这样一来，你只能无条件接纳当下的自我。

这并不意味着你不能改变，因为是人都会变。这也不意味着失败不能转化为成功，毕竟失败是成功之母。有时候会是这样的，但不是一向如此。正如一句耳熟能详的话所述："请赐我祥和心境以接受我不能改变的事实，赐我无畏勇气以改变我可以改变的事情，赐我智慧来区分两者的不同。"[1]

一些心理治疗师非常提倡树立自尊。因此，如果你缺乏自信，他们会布置一些实验性任务，让你去做些有成就感的事。但我不太支持将其作为一种应对策略，因为其中含有一些固有风险。假使你第一次任务就失败了，恐怕不会好过。将自己作为一个既有价值又会犯错的普通人来接纳是更为可行的解决方案。你依旧可以去做一些让自己有成就感的事，但即便你没做到自己想达到的效果，情况也不会太糟。

总而言之，你不是希特勒，你鄙视的人也不是那种为了大众福祉而必须永久封杀的种族灭绝者。[2]

---

[1] 这段"宁静祷文"由神学家莱因霍尔德·尼布尔所撰写，随着时间的流逝逐渐应用于世俗化和非世俗化场合（世俗化与否具体取决于该场合是否具有精神化和宗教化倾向），这段祷文还被嗜酒者互助协会（AA）和其他"12步骤疗法"所采用。

[2] 至少，我希望如此。

即使没得到自己想要的,也要相信你不是失败者,不是垃圾,不是一无是处、一文不值的人。相反,你是一个既有价值又会犯错的正常人。如果你能证明自己的成功,哪怕只有一件事(极其简单的),你就不是自己认为的那种人。你并非完美无缺,因为你会犯错,你是一个有缺点的正常人。

你看,"易错性"是刻在人类的骨子里的,因为人人都会犯错。你可能有一些心理上的问题(有些人太柔顺,有些人则过于专横,有些人容易焦虑,还有些人容易抑郁)。你或许也有生理上的缺陷(有些人谢顶,有些人少白头,有些人容易犯关节炎,还有些人容易得心脏病)。"易错性"存在于万事万物,当然也包括人类。

放弃自我评估游戏吧,生活的意义并不全在于取得的成就。有一句我很喜欢的格言,出自哲学家阿兰·威尔逊·瓦兹:"生活的意义只是活着,如此简单明了。可是,人人都惊慌失措,仿佛自己必须取得超越自己的成就。"

这是真知灼见,但我们却没做到。让我们更客观而理性地来支持这一观点,对这些健康信念进行一番合理化质疑。

不要忘了"质疑"

你不是一个失败者,不是一文不值、一无是处的人,即便你没得到自己想要的东西,即便别人说你是。你是一个既有价值又会犯错的普通人,这毫无疑问。如果你能够展示哪怕一个成功之处、一个成绩、一项成就（事实上，这真有点儿过于简单了），那么你就掌握了所有可以推翻"没用/垃圾/一无是处"这类说法的证据。你会做错事，有时会失败，你有不足，因此，"易错性"是成立的。最后，如果你是一个正常人，那么你就拥有作为普通人的固有价值。

你可以评价自己的各个方面，你可以说我擅长英语但数学成绩很差。但是，数学学得很差和作为一个人很差劲不是一回事。因此，从逻辑上来说，你仅仅是一个既有价值又会犯错的正常人（数学成绩差只是你的一个弱点[1]）。

最后，相信这一点对你来说很有帮助。当你遭遇"狂暴命运麾下霜刀雪剑的摧残"时，你仍然会有情绪上的反应。而当你成功完成某些事，抑或取得某些成就，你会觉得兴奋、自豪和骄傲。如果你失败了，没有达成既定目标，也会有一定的挫败感。你可能觉得情绪低落，但不会失控。成败仍会左右你的心情，但再也不会影响你对自己的认知和判断，再也不会削弱你的自信分毫。

最好的证明就是那些参加奥林匹克运动会的运动员们，他们四年磨一剑，只为了在奥运会上取得佳绩。但事实却是，胜利者只有一个，因为金牌只有一块。即便我们把银牌和铜牌也算在胜利范围内，还是有很多人与之无缘。赛事活动结束后，记者们会簇拥着胜利者，"请问您现在感觉如何？"他们问道。"感觉棒极了！为我欢呼吧！"获胜的运动员答道。但是，记者们也会将手

---

[1] 如果数学对你很重要的话，它就算是一个弱点。

中的麦克风和摄像头对准失利的选手们。他们冷酷无情地问道："您输了,感觉如何?"但失败的选手们并没有说:"我感觉糟透了,白白浪费了四年时间。我失败了,我的国家也失败了。"好吧,这种回答一般很少见。他们通常会这么说:"嗯,结果让人失望。但我会和教练坐下来一起看回放,看看下次怎么做得更好。"

当你无条件接纳了自己,接受自己既有价值又会犯错,那在你这儿就没有所谓的失败,只是平添了学习的机会。

这种思维方式也适用于其他方面。拿我的小问题来举例,我觉得"别人不是白痴,即便挡了我的路,他们也是有价值、会犯错的普通人"。这个信念是正确的,因为人人都有生命,都是由件件小事、是非对错融合而成的复杂集合体。即便与他们素不相识,据我揣度,他们也都身怀各种才能,也都为人所爱,为他们建立的人生图谱上也存在着亮点。我也绝对能用"他们走到我前面并绊倒了我"来证明他们同样也犯过错。作为普通人,他们全都是有价值的,因为每个人都有价值。

即便他们确实挡住了我的路,也相信他们并非白痴蠢货,这个想法是理性的。即便他们挡住了我的路,也承认他们既有价值又会犯错也是相当理性的。两者具有逻辑关系。

这个信念也帮助了我。它让我更人性化,接受我们都是生活在同一处的人类,在拥挤的环境中也需要和谐相处,无须再因此生气。

这种无条件接纳的概念也适用于这个世界及其所包含的万事万物。世界是异常复杂的,有好(例如小狗)亦有坏(例如埃博拉病毒）。它过于复杂，远非一无是处。这个世界有其自身存在价值，当然也存在缺陷和谬误。

拿我的一些患者举例，他们认定自己的生活糟透了。针对这一想法，相对的健康视角是："不，我的生活并非不可救药，即便我的感受如此；我的生活既有价值，也有难处和意外"。这个观点是有依据的（小狗和埃博拉病毒当然可以佐证，他们自己的成功与错误也同样可以佐证），逻辑上成立，也必定对人有所帮助。这一健康的观点的确帮助了一些患者走出了抑郁情绪。

假如你是一个有点儿完美主义的项目经理，即便项目进展不顺，也并不意味着你就是悲惨的失败者；即便你带领的团队没能按你的标准完成工作，他们也不是彻头彻尾的蠢货；即便这个项目最终并未达到你想要的结果，这也不能说明它完全失败了。你可以用之前使用的三个问题来质疑"无条件接纳"的信念，证明它是正确的，符合逻辑的，对你也有帮助。

如果你能用爱朋友或家人的那种和善的方式去爱自己，你的感觉该多么好？如果做不到爱，那么至少可以喜欢和接受"我就是我"？如果你能更多关注得到的而不是失去的，你的生活该多么轻松？如果你能更多关注周围人的优点而非缺点，那你的生活该有多积极阳光？

"无条件接纳"的力量如此强大，多年来帮助了数不清的自我厌弃者开始尊重自己的生命，流下欢乐的泪水。

你也想要这样快乐而积极的自己和生活吗？

结语：四种拯救你的想法

幸运的是，本书中提到的四种不健康的信念，每一种都有对应的健康而理性的信念，这对你自己、你的理智和你的自我保护意识都会有所裨益。这些健康的信念是一种"解决方案"，可以帮助你思考、感受和采取更多行动，在面对逆境时思虑更全面，思维更理性，心理更强大。

我们首先要确立的信念是"可以灵活变通的选择"（你有某种需求，却也接受求之不得的现实），接着就是"反糟糕化的洞察力"（在你求之不得时可以更理性地评价人或事的恶劣程度），然后是"高耐挫力"（你可以接受求之不得带来的挫败感，并且可以克服逆境，而不至于被命运扼住喉咙，一口气上不来便撒手人寰），最后，我们要怀有"无条件接纳"的信念（对自己、他人和生活的方方面面）。这是对所有人和事更理性的评价。

需要留意的是，这些健康信念未必能让事态向积极方向发展，也未必会抵消事态的负面价值。我们的目标是保持理智。我们从不健康的消极情绪（控制你的那种）转向一种健康的消极情绪（你能控制的那种）。健康和不健康的情绪中都包含有"消极"因素。理性情绪行为疗法不会意图将你变成一个麻木不仁、即便生活不顺也漠不关心的机器人。它希望你就是你，一个有血有肉的普通人；它希望你能表达出自己的情绪，但表达的方式要恰当；它希望你用有益而不是有损身心健康的方式来表达情绪。这就是你的健康信念将要做到的事情。

理解这些是一回事，相信它们又是另一回事。读这本书的时候感觉豁然开朗是一回事，但将它们付诸实践，改变你的思维、感觉和行为方式又是一回事。就像一句老话说的："知识让我们知晓番茄是一种水果，但智慧告诉我们不要把它放进水果沙拉里。"

读完本书的前两部分之后，或许你已经有了些感悟，开始以全新的视角审视生活或某些情况，并取得了一些不错的效果。

你也可能已经注意到了自己所持有的不健康信念，开始据此着手找到自己身上的那些绝对化要求、戏剧化崩溃、做不到和看低一切的想法。这很好，因为现在你已经开始学习如何实践这些健康信念了。

在本书的第三部分，你会将之前所学付诸实践，将知识转化为智慧。

在接下来的六周，你会了解更多有关理性情绪行为疗法的核心精神。你会拿出一个问题，将其分解。接下来，你需要找出是哪些不良信念让你在某种情况下做出了不好的反应，然后对其进行解构，从而进行更理性的思考。之后，你的情绪和行为将会发生好的转变。你不仅会口头如此说，而且心里也会这样想，会相信自己所说的。这样一来，所有的改变才会持久。

重要的是，我们要梳理一下这些不健康和健康的信念，整合出一个连贯的应对策略。

接下来，我们该讨论一下理性情绪行为疗法的全部原理和结构了。

PART 3
只用六周时间,利用理性情绪行为疗法,重新梳理你的想法

第一周:理性情绪行为疗法,一个巧妙的计划

第二周:如何挑选并拆解问题

第三周:质疑你的想法是否正确

第四周:所说即所得

第五周:重复,重复,重复

第六周:给"失控"加点儿"料"

完成六周目标后,下一步做什么?

心理咨询中常被问到的问题

结语

9. 第一周: 理性情绪行为疗法，一个巧妙的计划

发生了什么并不要紧，重要的是你如何反应。

——爱比克泰德

我曾经修了一个学位，所学内容基于理性情绪行为疗法，之后我又继续在该方向研习两年拿到硕士学位。据我所知，除了针对四种不良信念的疗法及其带来的益处，理性情绪行为疗法还包括更多有效的治疗方法。该疗法有自己的理论体系、框架结构及可执行步骤，还包含一些可以帮助你挑战自己的不良信念的方法。该疗法不仅可以在宏观上帮助你改变看待生活的方式，还能帮你解决非常具体的情绪和行为问题。解决某一个特定的问题，是你在接下来的六周以及接下来的六章中将要进行的事情。

在本书中，我曾提及过，诱发事件（A）触发信念（B）导致后果（C），我们对不良信念进行质疑（D）和挑战，为原有的诱发事件带来有效的理性视角（E）。这就是著名的心理健康的ABCDE模型。后文会对其进行更为具体的探究。从本质上讲，该

模型的意思是：一件事情发生了，人们对其总会有所反应。但是，在事件与反应之间，总会涉及一个思考过程。

在接下来的几周时间里，通过以下几章内容，你将会学习如何挑选出一个具体问题，并通过理性情绪行为疗法 ABCDE 模型对其进行处理。你也将学习在面对一个具体问题时，如何鉴别出你持有的四种不良信念，然后针对这些信念构建出相应的健康思维模式。之后，你需要进行一系列训练，来削弱你对不良信念的执念，同时建立并加强对健康信念的信仰。我们将一点点地实现从不健康的思维方式向健康的思维方式的转变。

在我们深入了解具体做法之前，请允许我先做一些铺垫。

理性情绪行为疗法的理念和本书的理念是相同的：不是生活中的事件打扰了你，而是你对那些事件的理解和反应导致了问题的出现。

这一特别的智慧结晶，以及本章开头的引言，全都源自斯多葛学派哲学，尤其是其中一位哲学家的观点，即古罗马哲学家爱比克泰德（55—135），在维基百科上还有关于他的专门条目介绍。

因此，如果你不喜欢目前的思考、感受和行为方式，但却似乎无法做出改变，这不是因为"事件"本身，而是取决于关于这个"事件"，你对自己说了些什么。改变自己看待此事的态度，你就会改变自己的所思、所感和所为。这说明没有任何人、任何事让你生气、焦虑和抑郁，也不是任何人、任何事迫使你通过酗酒、嗑药或者其他方式[1]来发泄。

并不是说事情发生时不会产生影响，因为影响确实存在。然而只是一种影响而已。没错，情况越不利或越有挑战性，其影响就越大。不过还是那句话：只是一种影响而已。

即使面对最困难的情况和最严苛的要求，你仍然可以保持控制力。抑或，如果你认为自己已然失控，仍可以审视自己对困难和苛刻要求的反应，继而重新获得控制力。

正如杰克·斯帕罗船长[2]的名言："问题不是问题。你对待问题的态度才是问题。"

不相信我吗？那好吧，请允许我详细阐述一下。

情绪责任的基本原则

拿我被炒鱿鱼的事情举例。被炒之后，我接连数周甚至数月一直对自己说："他们怎么敢这么对待我？这群混蛋，这事儿没完，我不惜任何代价也要让他们好看！"

很有可能的是，我会给人这样的印象：我是一个非常愤怒的人。

---

[1] 比如甜甜圈。
[2] 杰克·斯帕罗（Jack Sparrow），是美国魔幻冒险电影《加勒比海盗》系列中的男主角（由好莱坞巨星约翰尼·德普饰演）。在该系列电影中，杰克·斯帕罗是一名纵横四大洋的传奇海盗（九大海盗王之一），是一名玩世不恭的加勒比海域的骗子。虽然他是一名道德与节操备受质疑的船长，但他拥有一个海盗应有的勇气，在危急时刻会站出来拯救自己的朋友。

我会深陷其中,甚至无法自拔,将成为那些无法放手的人之一。

我也可能一边徘徊一边对自己说:"哦,不!他们不应该这样对我,这太可怕了。我该拿什么付房租?拿什么去付账单?我会失去一切!我会一贫如洗、无家可归!"如果我这么想,结果又会如何?

我不会被愤怒淹没,却会葬身于焦虑、恐慌,以及想象中的一系列悲惨事件。

但如果我一边徘徊一边告诉自己:"就这样吧,结束了,我就是这么没用的人。我再也找不到其他任何工作了,毫无希望,或许我现在就该放弃。"然后,没有葬身于愤怒或焦虑中的我却会深陷抑郁。我会感到无助、希望渺茫、命运不公。我会躲进房间,不再出门。

愤怒、焦虑和沮丧,这些情绪是没什么帮助的,因为我可能会过于烦躁,情绪失调,无法对当下的情况做任何有建设性意义的事情。愤怒让人咆哮,焦虑让人忧虑,沮丧让人消沉,这些行为都不会在人们被解雇时发挥任何有益的作用。

但是,如果我一边徘徊一边思索:"糟糕,这是我没料到的。真希望这件事没有发生,但确实发生了。这或许会给我的生活带来一些挑战,但我会一如既往地坚持下去。我有一技傍身,一定能找到一份前景更好的工作。"如果我这么想,又会感觉如何呢?

极有可能的是,我会感到失望,但仍是积极的;感到沮丧,但仍有奋起的力量。更重要的是,我会以更好的心态走出去,针对与工作有关的情况,做一些有建设性意义的事情。

以上案例中,我的情况是一致的(被解雇),但根据我当时的

9. 第一周：理性情绪行为疗法，一个巧妙的计划

想法，我会产生不同的情绪反应：可能会感到愤怒、焦虑、抑郁，也可能会积极面对。

这也就是很久以前爱比克泰德曾提到的："不是生活琐事困扰着你，是你面对这些琐事时产生的想法和态度在困扰着你。"

因此，所有人（大体上）都要对自己面对问题时所秉持的信念及其引发的所思、所感和所为负责——这就是情绪责任的基本原则。[1]

关于"责备"的一点补充

一些人不喜欢这一情绪责任的基本原则。他们认为，在这一原则下，自己得知"都是自己的错"，要为自己的情绪和行为承担所有责任。

多年来，不少人逃离我的诊室，谴责我是邪恶的化身，竟敢提出他们的情感和行为问题（一个痛苦而又难忘的时刻，犹如一份癌症诊断）是他们自己的错（其实我完全没有做过这种表述）。

责备与责任有着天壤之别，可悲的是，有些人似乎没有这种意识。

举个例子来说，你正在一家超市买东西，看到货架之间的两排通道里各站着一对父母和年幼的孩子。两排通道里的孩子都在歇斯底里地哭闹。

---

[1] 该原则的一个重要前提是"大体上"。如前所述，有些人患有临床疾病（例如，单相或双相抑郁症），这不是秉持不良信念的结果，而要归因于其他各种因素，包括脑部病理等。然而，患有临床疾病的人更容易因为自身疾病产生非常不健康的信念，这样又对他们的心理造成进一步的困扰。

其中一个通道的父母训斥孩子道："我的老天，你怎么这么蠢。太丢人了。真替你难为情。给我闭嘴吧！现在就给我停下来。你怎么这么可怕？"

这个孩子长大之后还会相信自己吗？更重要的是，这个孩子能学会为自己的行为负责吗？

另一个通道里的父母也在训斥孩子，同样让人沮丧的情景，但却是略微不同的方式。他们问自己的孩子："你为什么要这么做呢？为什么表现这么差？我们都知道你可以表现得更好的，你现在能告诉我为什么吗？"

这是个正在接受家长训斥的小孩子，所以他很有可能一边耸动着肩膀，一边重复嘟囔着"我不知道"。但这不是重点，关键是，这个小孩长大后比起第一排通道上的小孩，他更有可能还是更没可能对自己的行为承担起责任？为什么？

有责任感，意味着你对自己的行为有所交代、承担责任。犯错，意味着你因为一个错误行为而相信自己是失败的，并因此受到责备。

责备暗含着"你犯错了"，而在面临生活的压力和紧张时，无所谓犯错，只有行动和反应，以及对以上两者所要承担的责任。做错事的人通常还会犯错，并将其他人或事作为其错误行径的替罪羊加以指责。这样一来，他们就不需要承担任何后果了。

感到焦虑或者沮丧，并不是你的错；将酒精或甜甜圈作为应对策略，也不是你的错。但如果你责备自己，你会感觉自己在犯错。更重要的是，如果你觉得自己在犯错，你就更不可能想要去承担任何责任；如果你不愿意为此承担责任，你就不会觉得自己要做一些事情来改变现状。相反，你会感到被困在原地：被自己、自己的表现，以及自己遭受到的事情永远困住。

但是，你对其他人以及他们的行为并不负有任何责任，你也不是总要为生活甩给你的一切负责。你所要承担的责任，就是你在面对这些事物时的所思、所感、所为。你的想法就是你的责任。这是你可以控制的。没什么需要为了你去改变。改变就掌握在你手中。好吧，掌握在你头脑中，一直都在。

AC 模式 VS ABC 模式

本章伊始谈到了 ABC 模式——"诱发事件（Activating event）触发信念（Beliefs）导致后果（Consequences）"——其实大多数人在生活中更常用的是我们称之为"AC"的语言模式。他们让外物对自己的感觉负责。他们会这么来描述一件事，比如"狗狗吓着我了"，或者"老板让我焦虑"，还有"莫林这么说我们家莎伦，真让我火冒三丈"。但这样做不对，也不符合事实。

这种感觉很真实，因为是瞬间产生的。也就是说，事情发生了，你对此产生情绪上的反应。另外，换个角度想：如果莫林没有说你家莎伦的坏话，你会感觉还可以；如果你的老板态度好一点儿，在他们身边时，你就不会感觉如此焦虑；而如果狗狗不出现的话，你也不会感到恐惧。在你看来，这就是生活中最简单而又直接的行为和情绪反应。如果事情没有发生，你就不会有这样的感觉,对不对?

不对。

因为,就在事件发生的瞬间或下意识间,对于那些触发你情绪反应的情况,你已经有了意识上的预判。所以,当你看到一条狗时,你会告诉自己这样东西让你害怕;不管何时与老板相处,你都会告诉自己这个人让你焦虑;无论莫林说了你家莎伦什么话,你都会告诉自己这件事让你火冒三丈。

理性情绪行为疗法将对"那些人和事"磨刀霍霍。它会帮你认出它们,把它们从你思想深处的阴暗角落揪出来,加以冷静的思考,并对它们发出挑战。你或许不知道你的"那些人和事"究竟是什么,从某种程度上来说尚不算清楚,但我希望当你读到本书第一和第二部分时,头脑中已经跳出来几个可能的备选项。如果没有,现在就可以开始想一想。

那么从现在开始,不要再说"什么什么让我觉得怎样怎样"之类的话。为什么不停下来思考一下,转而问问自己:"是不是我告诉自己的那些话让我产生了那样的感受?"如此一来,你就踏上了理性思考之路的第一步。

这些特定的想法——关于狗狗、老板还有诸如"莫林讲了我家莎伦什么什么",以及困扰着你的任何人和事——引出了我们要讲的下一个原则(如果你接受第一个情绪原则的话)。是你的不良信念在困扰着你:是你教条式的"绝对需求",你面对问题时戏剧化夸大事实,你的"低耐挫力"和你的"贬低自我、他人以及全世界",在实打实地困扰着你。

情绪责任的具体原则

当你阅读本书并将其付诸实践时，它会帮助你用新的方式来处理生活中的林林总总。从哲理层面来说，这是一本绝佳的理性生活指南，希望你已经注意到了这一点。从心理治疗层面来说，这本书能有效地帮你处理特定的情绪和行为问题。

因为生活中经常会出现一些状况，针对这些情况人们会产生一定的反应。比如说，愤怒是你对那些恼人的事件所产生的具体情绪反应，焦虑则是你对那些令人担忧的事情所产生的具体情绪反应。尽管如此，在事件与反应之间还存在着一种具体的信念体系。这个体系关乎哪个具体事件会触发你的哪种具体反应。

理性情绪行为疗法专注于帮你找出那些引起你特定焦虑、愤怒或抑郁情绪的不良信念，并对它们发起挑战。该疗法会将非理性信念（在任何情况下都无法帮助你）和理性信念（可以帮助你）区分开来。

之前总结的四种毁掉你的想法，就是四种在特定情况下持有的特定不良信念或者说是思维模式，它们触发了特定的情绪和行为反应。为了准确说明这些想法是如何困扰你的，我想将有关守时的内容变成一个故事，分为四种场景，以便有效地传递出理性情绪行为疗法的全部含义。[1]

---

[1] 这一方法最初由阿尔伯特·艾利斯创立并发展，被称作"金钱模式"，该模式中援引的例子与金钱有关，而非守时。

我将"守时"案例贯穿本书关于健康信念和不良信念的阐述部分，并非空穴来风。正如我之前提到过的，有些人"有点儿在意"守时的问题，而其他人对此无感。[1] 如果你的确是一个偏好守时的人，那么当你考虑下列情景时，有一点特别重要：我不希望你像"你"一样去思考，我希望你像"每个情景中持有特定信念的人"一样去思考。

到目前为止都听明白了吗？很好。

与"守时"有关的理性情绪行为疗法

场景一

想象一下，你正乘坐一列火车奔赴一个重要约会，此外我还希望你再把自己想象成是一个有点儿"守时"情结的人。你对自己的"守时"持有一种信念：我更希望凡事守时，但我明白不是非要如此；如果不能凡事守时，我会不爽，对我来说这不是一件愉快的事，但也不至于糟糕至极，或感觉像是末日来临似的。

现在，你的火车晚点了，糟糕，你意识到自己不能准时赴约了。关键在于，如果你的信念是"我更希望凡事守时，但我明白不是非要如此，如果不能凡事守时，我会不爽，对我来说这不

---

[1] 有些人甚至在性命攸关的场合下也无法做到准时，而有些人连"准时"为何物都不知道。对他们来说守不守时都没关系。理性情绪行为疗法可以以更和谐的方式帮助那些守时的、有点儿守时和非常守时的人。

是一件愉快的事，但也不至于糟糕至极"，你对这次晚点做何感想？心怀此念时，你又会如何作为？

你或许会有点儿沮丧，或担心，但仅此而已。你不会喜欢迟到一事既成事实，但你可以面对并着手处理这一局面。你可能会提前打电话通知某人，或者重新安排会面。但除此之外，你很可能会坐在那里，接受延误是你无法控制的事实。

迄今为止，非常理性……

场景二

我希望你现在想象一下，你仍乘坐一列火车奔赴一个重要约会。我依然希望你把自己想象成是一个有点儿"守时"情结的人。但这一次，对于"守时"，你持有一种不同的信念：我必须凡事准时！一定、确定以及肯定！这就是我！这是属于我的东西！如果我得不到就是糟糕至极，就是世界末日！

不幸的是，你的火车，再一次晚点了。糟糕，你又一次意识到不能准时赴约。现在的关键在于，如果你的信念是"我必须凡事准时！一定、确定以及肯定！这就是我！这就是属于我的东西！如果我得不到就是糟糕至极"，你会对这次晚点做何感想？心怀此念时，你又会如何表现？

我的猜测是，你会非常生气或非常焦虑，或两者兼有。你可能会责备自己，为什么没有赶早一点儿的火车；你可能会指责乘务长或者整条铁路干线；你甚至很有可能会吵嚷、抱怨。你或许会提前打电话通知某人，但这个场景肯定与前面那个极为不同。

我十分怀疑，你是否可以坐在那儿，从容接受晚点的事实。

因此，到目前为止，你需要明白的是，面对相同情况，两种截然不同的信念将为你带来两种截然不同的情绪和行为结果。

接下来，我将列举另外一个让你更有压力、更生气或者更焦虑的情况。

场景三

你仍然坐在火车上，仍然怀有"我必须凡事守时，否则就糟糕至极"的信念，仍然是晚点了。你紧张、生气或焦虑。但此时，火车司机发出了通知。他对延误表示歉意，说他将尽可能加快行车速度，略过一些一般没什么人下车的小车站，争取让所有人准时到达目的地。

当然你也包括在内。司机刚说了，他会让你准时到达，甚至打了包票。几乎算是做了保证。

现在的关键在于，当你的信念是"我必须凡事守时，否则就糟糕至极"，那对于这次准时到达，你又会感觉如何？

你会感到如释重负，对吗？危机解除了，问题过去了，一切都回到正轨？太好了！

场景四

现在我们来看这一模式的最后一种情况。你还是乘坐着一列火车，依然奔赴一个"十分重要"的约会，仍然怀揣"我必须凡事守时，否则就糟糕至极"的想法。你的车晚点了，但此时司机向你保证会准时,所以你感觉如释重负。

尽管如此,如果你的信念是"我必须凡事守时,否则就糟糕至极",什么样的事会将你打回紧张、生气或焦虑的原形?没错,就是其他任何一次延迟。

只要火车慢下来一点点,或者在某一车站停靠时间过长,抑或在站与站之间稍事停留,你都会重新回到压力之下。

这个故事的重点是——

★ 理性情绪行为疗法认为,所有人(是的,我们所有人,每时每处)只要得不到他们的"绝对需求"所必须得到的,都很容易遭受情绪困扰。

★ 理性情绪行为疗法还认为,人们的情绪很容易受到影响而进一步波动,甚至在得到了"绝对需要"所要得到的东西时,也会这样,因为他们时刻伴随着"失去"的可能:东西会被拿走,或者事情会发生改变。

★ 只有怀有一种"偏好",同时也接受不是必须得到它的情况下,人们才会保持心理健康。

★ "绝对需求"和"偏好"之间的不同,意味着因"没有凡事守时"而产生的恶性焦虑和良性焦虑之间的差别。

温馨提示

★ 作为人类,我们对世上的每件事都有自己的倾向偏好。我们也容易将自己的"偏好"转为"绝对需求"。

★ "偏好"越强烈,我们就越有可能将其转化为"绝对需求"。

有时候,那些"绝对需求"如此明确,比如说,你甚至真的可以听到自己在朝火车乘务长(或者自己)吼叫:"不,你不明白!我必须准时!"但这些"绝对需求"也经常是悄无声息的,抑或毫无知觉地潜藏在你内心深处。你并未意识到自己正在提出一个"绝对需求",你只知道你正气得七窍生烟,因为就要迟到了。可是,这背后隐藏着的是你的"绝对需求"(根据理性情绪行为疗法的分析),是它在背后捣鬼,骚扰着你。

这就是理性情绪行为疗法的哲学原理。但该疗法不仅有理论基础,还有一套可以帮你解构并解决问题的框架体系,这一体系我在本书和本章伊始都曾提及。

心理健康的 ABCDE 模型

心理健康的 ABCDE 模型是一种审视事物的巧妙方式,许多其他疗法都采用了这种模型。让我们一起来更详细地了解一下这些字母的含义。

A

这一字母代表了"诱发事件(Activating event)"。这是一种情况,一个问题,一个令你困扰的事件。一个"诱发事件"可以是任何事:一个人,一个情况,某人的言辞,等等。可以是发生在过去、现在或将来的一些事，也可以是真实的或构想出来的事，还可以是内部事件或外部事件。在这样的范围内，任何事情都可以成为一个诱发事件：在公共场合发言，考试，失业带来的影响，身体某处的不明疼痛，多年前做过的某件事，莫林说的有关你家莎伦的坏话，任何事都可以。

在以上描述的四种"守时"场景中，晚点的火车就是一个诱发事件。更具体地讲，对"守时"有点儿在意，或者想要凡事守时，就是一个诱发事件。当你拿出一个诱发事件，你需要分辨出其中最令你困扰的部分（也就是我们所谓的"关键的A"，之后我们会就此详细展开叙述），因为这将直接触发那些你需要改变的不良信念。

B

字母 B 的意思是"信念（Beliefs）"。有些不健康的"绝对需求"会困扰你，也有些健康的"偏好"——基于你面对具体问题时产生的具体需求——会帮你保持理智。诱发事件会触发一系列信念，从而导致后果 C 的出现。如果你的信念是非理性的，那么你的反应同样也会是非理性的（于你无益）。

以上讲述的那些"守时"的故事包含了两种不良信念和两种健康信念，那就是"我必须凡事守时"和"否则就糟糕至极"，以及"我更偏好凡事守时，但不是必须如此"和"虽然做不到凡事守时有点儿糟糕，但不是糟糕至极"。

143

C

这个字母代表了持有一个特殊信念所带来的"后果（Consequences）"。这些后果就是"你"，它们是你的心理特征：是你的思想，你的感觉，你的症状，你的行为和情感。伴随焦虑的是一些特定的思想、情感、行为和症状，与愤怒的表现完全不同。

在你遇到问题时出现的每个令你不安的想法，都是那四种"毁人不倦"的想法综合产生的结果。

举个例子，如果你的信念是"做报告的时候可千万不能紧张，要不然就惨了"，那你在实际演讲中就有可能变得更为焦虑。事实上，你也有可能在此之前就异常焦虑，以至于拒绝上台，或者强迫自己上台但最终哭着跑出房间。

但如果你告诉自己："我更希望在做报告的时候不要那么焦虑，但并没有任何道理说我一定不能焦虑；如果焦虑的话会有点儿糟心，但不至于糟糕透顶"。你或许会在紧张情绪的作用下担心着你的报告，可你不会逃避，也不会躲在厕所里轻声抽泣。[1]

D

字母 D 表示"质疑（Disputing）"。这是一个反反复复挑战你的个人信念（包括不良信念及健康信念）的过程。慢慢地，不健康的信念被弱化，同时健康信念得到了增强；我们的思维方式正在发生转变。当你感觉到这种转变发生了，就说明已经实现了有

---

[1] 众所周知这是因为焦虑。

效的理性视角。"质疑"是你要投入精力的环节。无论你的目标是什么，在朝着目标迈进时，你都会挑战自己，但不会将自己打垮。不过，投入的精力越多，实现目标的速度就越快。

E

这表示你已经对"诱发事件"产生了"有效的理性视角（Effective rational outlook）"。从此往后，你过上了基于合理信念的生活，远离了原先的非合理信念。拿早先讲过的"守时"的故事举例，你就从那个在火车上生气、焦虑的人，转变成冷静而又更容易接受突发状况的人（耸耸肩膀然后着手处理问题）。

结语

通过本书，你将学会如何找到一个困扰着你的问题或情况，将它放在 A 处作为一个"诱发事件"。

然后，你将利用"诱发事件 –A"发现你在"后果 –C"处展现的想法、感觉和行为。反过来，"后果 –C"也会让你识别出"核心诱发事件 –A"（这个问题或情况中对你困扰最深的方面）。

"核心诱发事件 –A"将用于正确评估你的"不合理信念 –B"。

自此，你可以制定出合理信念，以便你在"后果 –C"处掌握更多实用的想法、情感和行为。

之后，你会学习在"质疑 –D"环节使用各种质疑技巧，挑战并弱化你的不合理信念，与此同时挑战并强化你的合理信念。

当你可以将其付诸实践，开始基于合理信念的生活时（别担心，我会帮助你的），就会在"后果-C"这一环节发生情绪和行为上的转变。

当这种转变发生了，你会到达"有效的理性视角-E"环节，也就是说，从现在开始，你将通过一个有效的理性视角去解决一开始提出的问题。

理性情绪行为疗法就像"杰克逊五兄弟"乐队多年前演唱过的那样："真的易如反掌"。话虽如此，在理性情绪行为疗法中，我们更喜欢用"巧妙"[1]这一形容词。

第一周差不多就是这样了，此外还有一些任务要完成。"任务"是理性情绪行为疗法中的重要组成部分。这里的任务不是你在学校里做的那种，你不会每晚被拴在书桌旁，一坐就是一个半小时。即便做不完，你也不会被罚不能吃晚饭。如果你从每周末开始，计划每天花15到20分钟、每周4到5天来完成任务，时间上就已经相当充足了。听起来还不错，是吧？

如果你不喜欢"任务"这个词，其中的原因嘛，现实点来说，很可能是因为这会让你想起学校生活（不是每个人都很喜欢学校，对吧？），那你可以称之为一项工作，甚至一个项目。我的一个患者，不喜欢这一代称，就直接称之为"要做的事情"。

对那些不喜欢在书本上乱写乱画的人来说，你的笔记本可以

---

[1] 巧妙的解决方案优于简单的解决方案。这里的"巧妙"是指令人愉悦的别出心裁。

派上用场了，我之前建议过你买的。或者，你也可以从我的个人网站 www.danielfryer.com 上下载完成任务所需的表格。

第一周要做的事

★ 重复阅读几遍有关"守时"的故事，ABCDE 模型介绍以及每个字母表达的含义。你无须进行任何关于这些内容的测试，但它们详细解释了理性情绪行为疗法，因此，你对其越熟悉，为后续所做的准备工作就越牢靠。

★ 如果你愿意的话，可以用"守时"的故事向其他人解释理性情绪行为疗法。有时候，我们最亲近和最亲爱的人会抛出非常宝贵的提示，可能是关于他们自己，也可能是关于你的。"我的天哪！"他们大喊道，"这说的不就是你我嘛！"

在你进入第二周这一章之前，请回答以下需要反思的问题：

需要反思的问题

★ 这一章的内容是什么？

★ 你能将 ABCDE 模型与你和你的情况关联起来吗？可以和你的任何烦恼，任何焦虑、沮丧或情绪的爆发关联起来吗？还是对你的整体生活而言都能关联得上？

★ 过去一周，你阅读并反思了 ABCED 模型及其案例"守时"的故事，是否有任何见解或"顿悟"时刻呢？

10. 第二周：如何挑选并拆解问题

> 我们看不到事物的原貌，而是透过事物看到自己。
>
> ——阿娜伊斯·宁

这一章我们要做的事会有很多，这可能是本书最长的一章。对此我很抱歉，但也只能写这么长了。不过，我会将其本章的内容分成若干小节，以便读者理解消化。[1]

你可以在任意时间阅读和实践，可以在一天或一周内完成。

首先，你需要挑选出一个亟待解决的问题，然后分辨出面对问题时你究竟怀有哪种不良情绪。其次，你需要识别出此问题中困扰你最深的那一部分，接着，顺藤摸瓜找出其背后所有的不合理信念。最后，你将制定出可以取代这些不合理信念的合理信念。听起来是不是也没有很多事情要做？

另外，你心中还需要有一个目标。目标在理性情绪行为疗法

---

[1] 呃，这并不是说理性情绪行为疗法适合食用。

中非常重要。从治疗角度来说,当你解决一个心理问题时希望发生哪些改变?在情绪和行为上,你想要有哪些收获?

例如,你的目标或许是在进行公开演讲时能控制住焦虑情绪,或者在家时控制住自己的暴脾气。也许你想要解决某一段关系中的嫉妒和小心眼的问题,抑或在失业时不再那么沮丧,等等。本质上讲,这一章主要涉及的内容就是如何挑选出"诱发事件 –A",在事情发生时评估出正确的情绪"后果 –C",然后建立起你的"信念 –B"。

再次友情提示,如果你不想在书上做笔记,或者你阅读的是电子书版本,那么你就需要拿出笔记本和笔了。

如何挑选问题

大多数人到心理诊所咨询时都想要讲出整个人生故事,至少在第一疗程时会是如此。治疗师会做笔记,并试图找出尽可能多的信息和线索,不仅是关于"问题"本身的,还包括其他所有导致并影响这一"问题"的要素。当患者们开始倾诉时,治疗师们试着尽可能地去理解患者。使用理性情绪行为疗法的治疗师思维快速运转,筛选有效信息,提出假设以及潜在的情绪后果,发掘其背后可能存在的信念。这经常会占用一半疗程或更多时间。

也有些患者,来的时候带着一张 A4 纸,上面整整齐齐地总结了自己所有的问题和情况,满满一页或两页,像是"个人秘史"。这么做的人通常在进行理性情绪行为疗法时表现得很不错。

还有一些人，走进诊室，坐下，然后说道，"我讨厌我的上司""演出真的让我焦虑"或者"我有完美主义的问题"。就这些，没有提供更多其他信息。因此我们会进一步发掘有关这些问题的更多细节。

我希望的是，到目前为止你的脑海中已经想到了一个特定的问题。可能是一个工作上的麻烦，或者一个人际关系烦恼，或许是你损失了什么，又或许是有关参加考试的心理问题。但现在，这个"诱发事件"——你将要着手解决的问题——只需要这样简单地来定义就可以。当下，你可以简略地定义一种情绪。也许是你在工作中感到压力，对另一半感到生气，或者对某种损失感到沮丧，又或者是对考试感到焦虑。

在 ABCDE 模型中，你可以在 A（诱发事件）和 C（后果）处进行概括性填写。结果可能会像下方表格所展示的这样：

A（诱发事件）	C（后果）
工作	压力
伴侣	愤怒
失业	沮丧
考试	焦虑

或许你也想要列一份问题清单，或许以上的清单正符合你的情况。不过，重点在于，基于本书的目的，你现在只需要选择一个问题即可。可以是给你压力最大的，或者是困扰你最深的，总

之是那个你需要首先解决的问题。

比如说，在接下来几章的示例中，我将使用"社交焦虑"作为案例进行分析研究，因为这是一个非常普遍的问题。

西奥：社交焦虑案例

西奥是我的一位患者，前来咨询是因为他遇到了一个问题。西奥是那类已经把问题写在纸上的人。他的纸上写着："有时候我会生老板的气，我在任何社交场合和某些工作场合都会感觉相当紧张。我很不自信，也会觉得内疚，因为经常让朋友失望。"

西奥清单的顶端，首要问题就是"在任何社交场合都相当紧张"。

大体上，我们帮他在 A 处填上一个"诱发事件"，在 C 处填上一个"后果"：

A（诱发事件）	C（后果）
社交场合	紧张

但是，西奥口中的"紧张"到底是什么意思？是那种不良的紧张，还是良性的紧张？简单来说，我们需要在"后果"处再多观察一些细节。

找到你的"C（后果）"

在理性情绪行为疗法中，有八种不良负面情绪和八种良性负面情绪。人类对事物所有反应的总和，实际上几乎都可以归结为这些情绪之一或它们的组合。

简而言之，不良的负面情绪是对具有挑战性的事件或情况所产生的不恰当的情绪反应，而良性的负面情绪则是对同样具有挑战性的事件或情况所产生的恰当的情绪反应。

像我早先提及的，理性情绪行为疗法并不是在努力提高你的积极性（尽管你可能会感到更加积极），也没有试图提高你情绪的中立性（即便你可能会感到情绪更加中立温和），而是会提升你的理性。有时候，当坏事发生，你能讲出的最理性的话是："好吧，太糟糕了！"有时候，对自己觉得重要的事物感到关切，或者对那些自己认为特别重要的事物感到非常关切，也是完全合理的。

比如说我要参加一场考试，如果我的信念是"我必须通过考试，否则就糟糕至极"，那么我就会对考试产生焦虑感。我的复习会变得一团糟，记忆力下降，睡眠不好。我很有可能会在考试中表现很差，产生恐慌，或者根本不会踏进考场。

但是，如果我的信念是"我更想要通过考试，但我知道不是必须得考过；如果我没考过的话会很糟糕，但不会糟糕至极"，那么对于这场考试我不会骄傲自大或掉以轻心，我仍会重视它，因为我希望考试能通过。我会对考试产生情绪反应，但这种情绪不会是忧虑、担心甚至神经过分紧张。这么做的结果就是，我的复习效率和记忆力都会提高，还有睡眠也会得到改善，而我在考试当天也会有更好的状态。

那么就让我们一起来看一下八种不良负面情绪和与之相对的八种良性负面情绪。请记住，这是一本自助之书，并不能替代一个好的治疗师，尤其是当你正在处理许多问题，或者在情感上处于严重困境，抑或已经产生了临床症状时。所以，如果在阅读以下各种情绪的简介之后，你发现已然很难与自己的情绪问题对应，或者你发现很难审视自己剪不断理还乱的情绪，那么最好将本书放下，寻求专业人士的服务，过段时间再继续阅读本书。

八种不良负面情绪和对应的八种良性负面情绪如下：

	不良负面情绪	良性负面情绪
第一组	焦虑	担忧
第二组	抑郁	悲伤
第三组	愤怒	懊恼
第四组	猜忌	防备
第五组	嫉妒	羡慕
第六组	负罪	自责
第七组	伤心	失望
第八组	羞耻	悔恨

每种不良情绪都有自己的主题（或推论），同时附带一些典型的想法和行为。八种良性负面情绪也伴随着特定情绪下的典型思

想和行为，而这些思想和行为则会更加合理、合适和理性。不合理信念总是会导致不良负面情绪和行为，而合理的信念则会带来良性负面情绪和行为。

（一）不良负面情绪：焦虑

焦虑的主题（或推论）是威胁或危险。当你感到焦虑时，通常会高估该威胁发生的可能性，而低估了你应对危险的能力。你也会更容易在脑海中构想出更大的负面影响或噩梦般的危险，并且更可能难以专注于日常生活和工作（也就是说，你很容易分心）。就行为而言，焦虑的人要么避免去做自己担心的事情，要么在无可奈何下（即带有明显的焦虑迹象和症状）默默忍受。他们可能会通过饮酒或吸毒（处方药或娱乐性药物）来缓解自己的不安，寻求安慰（"我还好吗？我还好，不是吗？"），抑或试图借助迷信行为躲避威胁。

良性负面情绪：担忧

这是一种良性的焦虑，和不良焦虑具有相同的主题，即威胁或危险。但是，当人们出于健康的考虑（或担心）时，他们并不会过高估计这种威胁发生的可能性，也不会低估自己的应对能力。他们通常不会在自己的脑海中制造出更多的负面威胁和噩梦般的剧情，尽管有一些忧虑，但他们更有可能专注于日常生活。结果就是，他们将正视威胁和（或）危险，并以建设性的方式来应对（如果危险在某时某刻发生）；他们甚至会采取建设性的行动，最大程度减少威胁和（或）危险的发生。没有回避，不需要安抚，也没有寻求安慰或从事迷信行为的意愿。基本上，如果你能做到合理担忧的话，你的状态应该是"好吧，就算不喜欢，我也会处理这个问题的"，或者"如果有事情发生，我就会着手处理"[1]。

（二）不良负面情绪：抑郁

焦虑是因为展望未来，担心的是那些尚未发生的，以及可能根本不会发生的事。而抑郁是由于追溯过去，眼睁睁看着过去发生的事情，却无力改变。抑郁的主题（或推论）是"失去"和"失败"（暗含对未来的看法，因为这种情绪还带有些许前瞻性预测）。当你感到抑郁时，就只会看到某次损失或失败中消极的一面。你会倾向于沉迷在过往经历的所有失去和失败中，感到异常无助和无望，你认定自己的未来黯淡无光。抑郁的人们会自我封闭，逃避那些能使自己振作起来的事情（工作、锻炼、兴趣爱好、朋友和家人等）。他们能营造出与自己当下感受相符的情景（不再关注外貌和打扮、让家务堆积如山等），并可能尝试以自我毁灭的方式（利用酒精、处方药物或娱乐性药物，甚至在极端情况下还会试图自杀）来麻痹自我，消除沮丧感。

---

[1] 这里要强调一下"如果"。当你感到不良焦虑时，就已经在内心认定了事情会发生。而当你只是在合理担忧时，"这件事会发生的"通常会变成"如果这件事发生的话"。

良性负面情绪：悲伤

这是一种比较合理的沮丧情绪，与它紧密相关的主题仍是"失去"和"失败"（暗含对未来的看法）。因为生活中的确包含"失去"和"失败"，有时甚至比我们想象中的更多。可如果你是合理伤感，即便这不是一种愉悦的经历或情绪，你仍然可以发现，在"失去"和"失败"中既有消极的一面，也有积极的一面，你并不会沉溺其中无法自拔。结果就是，即便你有些情绪低落，也不会感到无助和无望。你看得到未来，与当下情况相比，这种未来看起来一定更光明。你也会和朋友、家人讨论你的感受，即使你在经历"失去"和"失败"时有点儿避世，但这段时间也不会太长，很快你就会重新与生活融为一体，工作、兴趣爱好、社交等都将重回正轨。[1]

（三）不良负面情绪：愤怒

人们感到愤怒，是由于遇到挫折、目标受阻、规则被打破以及自尊受到威胁。生活可能令人沮丧，我们在实现目标时可能会遭遇阻碍，我们的个人准则有时会被自己或他人违背。当我们感到愤怒时，会高估他人行事的刻意程度，或将他人的行为动机视

---

[1] 当你处于临床抑郁或严重抑郁状态时，如果有人对你说诸如"振作起来，这没什么大不了的"或"你有没有试过不要这么沮丧？"之类的话，那是因为他们不了解抑郁症的感觉，不明白抑郁症所产生的影响。他们从来没有经历过，所以其唯一的参照感觉是"悲伤"。只有当他们自己也曾有过如此经历，才会了解你现在的感受。而如果他们有过这种经历，一开始他们就不会这样说。

为恶意的。我们很容易站在道德制高点上：我绝对正确，而你绝对错误。我们发现很难——如果不是完全不可能的话——了解对方的观点，甚至可能谋划并实施报复。从行为上讲，好吧，你也知道愤怒之人的所作所为：他们可能会发动身体或言语（或两者兼而有之）攻击；他们可能采取被动攻击的方式来行事（嘴上说着"我很好"，而实际上并非如此，只是想让你更加费力地去找到答案）；他们可能会发脾气（踢猫或摔门），或者气冲冲地离去（攻击型撤退）；他们甚至可能找来其他人来对付那些惹他们生气的人。

良性负面情绪：懊恼

这种情绪与愤怒有着同样的主题（或推论），也就是发生挫败、目标受阻、规则被打破以及自尊受到威胁。这些事时有发生，哪怕你是一个非常理性的人。但是，在这种良性负面情绪下，你不会高估他人行事的刻意程度，也不太可能将别人的行为动机全部视为恶意；你不会想要占据道德制高点（因此，你不会那么执着于"非黑即白"的对错，而是更能接受"中间地带"的存在）；你也更有可能从别人的角度来看待事物；另外也不会生着闷气计划如何打击报复。心中懊恼的人会有不一样的行为表现。如果不是什么大事，他们更容易做到放手；如果事态严重，他们也会与眼前的障碍有效沟通和解。必要时，他们行事坚决而果断，并要求那些给自己造成困扰的人做出改变。他们是请求改变，而非强求。因为在理性情绪行为疗法中，我们不喜欢"绝对需求"，是不是？而且，一个懊恼的人，一旦尽全力解决好问题后就会平静地走出这一困境。[1]

（四）不良负面情绪：猜忌

这里的主题词"对于你的人际关系的关切"，通常会涉及对你来说重要的人，但也存在其他类型的猜忌，例如兄弟姐妹之间的猜忌。在一段关系中，猜忌意味着感受到了威胁（通常会涉及第三者）。带着这种情绪，你会认为对方背叛过你、正在背叛或将要背叛，或者某些"第三者"正对你的恋人发起攻势。如果你做不到理性思考，你就会看到那些实质上子虚乌有的"威胁"；感到这段恋爱关系已经走到了头；曲解另一半与异性之间的对话与行为，以为这其中充满了暧昧的意味；开始在头脑中生动刻画各种恋人不忠的情节。如果你的伴侣承认了对其他异性有点儿幻想，那你就会闹得不可开交。猜忌之人的典型表现就是不断寻求心理安慰来消除疑虑、他们会监视另一半的一举一动（检查对方和他人日常交流的信息、侵入对方的邮箱），还很可能会搜集各种证据，证明另一半和其他异性有所纠缠；他们会试图限制另一半的活动；各种生闷气；给对方设置忠诚测试及考验陷阱（例如，当伴侣外出时，托人与他们聊天搭讪，再告诉自己伴侣的反应如何）；甚至会通过自己出轨来报复假想中的伴侣的不忠行为。

---

[1] 他们不会无缘无故就拿猫咪撒气，也不会摔门而去。在关切询问之下，也不会回答说，"我很好"，除非他们真的这么觉得。

良性负面情绪：防备

这并不等同于你对恋爱关系有十足的安全感。你信赖这段关系，同时也有一点紧张感。这里的主题与上一段一致，也是"对于你的人际关系的关切"。或许有人也对你的男伴/女伴/跨性别伴侣兴趣浓厚，毕竟人与人之间的互相吸引不会仅仅因为对方正在恋爱或已经结婚而停止。但你更可能会用一种无害的方式来观察另一半与他人的交往过程，即使他在与其他人调情，或被挑逗。"这只是无伤大雅的小玩笑"，你会这样想。你不会胡思乱想，觉得他和别人在一起了；也会接受你的另一半觉得其他人也挺有吸引力这一事实。但是，你不会将此视为背叛。在这种情绪下，你的伴侣可以自由表达他对你的爱意，你无须对方时常对你进行安抚。你不会觉得需要去监视伴侣的外出行踪、想法、感受或行动。没人会设置任何的甜蜜陷阱，没人必须得每隔半小时就打卡发信息报平安。你也不会只因为另一半对某人笑了一下，就自己跑出去勾三搭四以报复。

（五）不良负面情绪：嫉妒

和猜忌相似，但又有所不同，嫉妒的主题是，其他人拥有一件你非常渴望得到却并不拥有的东西。或许是最近的一次晋升，最新款的苹果手机，一辆阿斯顿·马丁，或者陷入一段热恋。如果你怀揣嫉妒之心，就很有可能会侮辱或贬低这件东西的价值或拥有它的人，你会试图说服自己对现状已然满意，但往往很难成功。你也可能计划着如何才能拥有它，无论你是否真的需要；或者密谋从他人那儿抢夺过来；或者想象如何才能摧毁它。你可能会吃不到葡萄说葡萄酸，甚至想拿走它，或者弄坏它，总之别人也同样得不到就好了。这就很孩子气了。

良性负面情绪：羡慕

某些人可能正好拥有那些你特别渴望得到却并不拥有的东西。但是，当你站在这种特殊情绪健康良好的一边时，你会直接承认自己也想有那么一件东西；当你就是没有的时候，也不会试图安慰自己对当下所有已然满足。你会思考如何才能获得它，因为你确实想要得到；你也会允许别人拥有你所渴望的，不会诋毁他人或他们的宝贝。还有，如果你真心想要拥有，你也会通过自己的努力来获取。你不会乱发小孩子脾气，大吵大闹。[1]

（六）不良负面情绪：负罪

负罪就是一种犯罪的感受。有画蛇添足之罪（我做了不该做的），还有疏忽遗漏之罪（我没做本该做的）。这两句话就很让人为难了，因为这两者都含有"绝对需求"。我们都有自己的道德准则。有时我们会有意无意地越线，而有时我们又难以维持自己的道德标准。这些"罪责"会伤害到我们关心在乎的人。不过，当信念和情感不合理时，负罪的一方会假定他们确实犯了罪，会假

---

[1] "我好嫉妒！"你笑着说。尽管你真实的想法是羡慕，同时也是在祝贺对方得到了自己想要的东西。

定自己需要承担更多的责任,比现实情况所要求或理应承担的那部分责任更重,而认为另一方需要承担的责任要少得多。他们不考虑任何可以减轻罪责的因素,不会从宏观角度考量自己的行为,甚至认为(或相信)自己将会留下案底或遭到惩罚。那么,负罪感会带来什么?通常情况下,人们会试图以自欺欺人的方式来逃避罪责所带来的痛苦:有人会向他们伤害过的人乞求宽恕,并(不切实际地)承诺自己绝不会再犯;有人会进行自我惩罚(身体上的惩戒或剥夺自己的某样东西);而有些人则干脆放弃对不当行为负责,并拒绝任何人的宽恕。

良性负面情绪:自责

我们依然有罪过,因为有时(依据道德准则)我们做了不该做的,或者没做到应该做到的,然后我们所在乎的人受到了伤害。但是,如果你的想法是健康的,感受到的情绪是自责,那么事态就变了。你更可能会在判自己有罪之前,从宏观角度来考量自己的所作所为,给自己所要担负的责任设定一个合理的程度,当然也会给其他人设定合理的个人责任。你也会考虑到那些可以减轻罪责的因素,从宏观角度来考量自己的行为,并不认定自己会遭到某种惩罚。这样的人,能够面对罪责带来的痛苦,他们会请求但不会乞求宽恕(也会接受别人的谅解);他们会去理解错误行为背后的原因并采取相应的行动,赎罪并做出补偿,而不是为自己的行为辩解。

（七）不良负面情绪：伤心

伤心的主题是，有人伤害了你，但你很无辜。这里的"有人"通常是重要人物（伴侣、朋友、家人）。当你受到他们的伤害时，可能会高估他们行为的不公平性；你认定他们并不在乎你有多难过，或对你的遭遇无动于衷；你感到孤独无助、缺乏关爱、被人误解；你常常会回想过去受到的伤害，期待他人迈出第一步，修复关系，帮你疗伤。通常情况下，受伤的人不会主动与其他人说话，而是更愿意关掉所有通信工具。他们生着闷气，明显表现出情绪低落。虽然他们没有透露自己为何情绪不佳，但却可能会指责或惩罚他人（以间接的方式，因为他们拒绝和别人说话）。

良性负面情绪：失望

这种情绪的主题与上一段所述一致，有人伤害了你，但你很无辜，而对方是对你很重要的人。但在这种状况下，你的想法是合理的，你也能对他人的不公保持理智，你所看到的是对方表现不佳，而不是对你的困境不闻不问、漠不关心。你不会觉得孤独无助、缺乏关爱或被人误解，不会反复撕开往日的伤口。另外，你也不会认为应该由别人率先迈出求和疗伤的第一步。在这种情绪下，你会更有效地与别人交流自己的感觉，使他们日后对待你自己的态度和行为更为公平。

（八）不良负面情绪：羞耻

令你感到羞耻的是，你自己或与你相关的人的"丑事"（你认为的）被抖搂了出来（或将被揭露），你觉得自己的行为表现不够理想，或者你认定别人小瞧了你，拒绝接纳你或你所在的团体。类似的例子还有很多，我想你也会深以为然的。当你感到恼羞成怒，你更容易高估某个消息或八卦的"可耻性"。你不仅会高估人们对此感兴趣（甚至注意或关注）的程度，还会高估人们对此反感的程度，以及此事将持续发酵的时长。感到羞耻的人通常会斩断与周围人的联系，足不出户，试图通过主动出击来挽回颜面、维护尊严（结果却事与愿违），无视他人为了解决问题所做出的任何努力。

良性负面情绪：悔恨

令你悔恨的是，某些会让你或与你相关的人后悔并怀恨的事被曝光，你觉得自己的行为表现不够理想，或者你认定别人小瞧了你，拒绝接纳你或你所在的团体。但是，在合理的想法及健康的情绪的作用下，你能以同理心或自我接受的方式看待你自己以及一些八卦传闻，不仅能更现实地估计别人对此感兴趣的程度，也能更现实地估计他人的反感程度，以及该事件可能持续发酵的时长。结果就是，你会继续参与社交活动。当他人试图为解决问题、恢复常态做出努力和尝试时，你也能够给予对方良好的回应。

情绪后果概述

你现在已经了解了八种不良负面情绪，以及八种与之相对的良性负面情绪。现在我们需要从中挑出一种来着手解决：如果你感觉受到威胁并且想要回避些什么，这是焦虑；如果你觉得自己很失败或遭受损失，感觉无助或无望，想要逃避，这是抑郁；如果你感觉某人破坏了你心中不成文的规则，而你想要给他们敲响警钟，这是愤怒；如果你担心恋爱关系，一旦伴侣跟别人说话你就会抓狂，这是猜忌；如果别人拥有你想要的，你就因此怀恨在心，这是嫉妒；如果你觉得自己做了错事，绝对应该受到严惩，这是负罪；如果你觉得是别人做错并伤害了你，而你十分委屈，却打算自己生着闷气等别人迈出和解的第一步，这是伤心；最后，如果你觉得特别尴尬，以至于避开所有的朋友，这是羞耻。

焦虑和抑郁是心理治疗中排名第一、第二的常见症状。既然我们在这里谈到了抑郁，我想说的是，这里的抑郁是一种情绪问题，还没达到临床疾病的程度——由对一些具体事件的反应引起的，例如失业、失恋、失去了原有的社会地位，甚至生活遭遇巨变等。

由生活本身所引发的抑郁听起来似乎虚无缥缈而非具体明了。与其说生活是一个诱发事件，不如说它更像一道哲学难题，而生活本身就可以充当一个具体的问题。

许多年前，当我刚入行执业心理治疗师几个月的时候，我曾接待过一位患者，他请我帮他脱离抑郁之苦。他无法确定自己究竟在沮丧些什么，因为我是这一行的新人，而且之前学到的是，先要帮助他人明确需要解决的问题，再继续接下来的治疗步骤，所以，我一直追问他各种问题，一个接着一个。最后，他涕泪俱下，手中的纸巾湿了一张又一张，他哀叹道："是因为我的生活，我的生活烂透了，烂透了。"然后他哭了起来。这时我才意识到，生活确实是一个"诱发事件"，而这里的"绝对需求"是"我的生活不该如此之烂"。因此，这成了我们要解决的问题。

如果觉得自己的情绪是合理的，你会有哪些表现？

其实并不会有什么表现，除了可能会给自己泡杯好茶或咖啡，继续出于兴趣阅读本书。这是件好事，意味着你很好，你的情绪也很好，你没有任何情绪问题亟须解决；也意味着你的情绪反应是合理而适度的。有些人走近诊疗室，带着他们自己认为的情绪问题，最后却惊讶地（有时候是喜悦地）发现，他们的思想、感觉和行为都是合理而有建设性意义的。如果你担心即将到来的考试，这再正常不过了；如果你为逝去的感情或是失去的工作感到难过，这也是非常合理的；而对于某些人的某些奇葩行为，你觉得烦恼或沮丧（不是愤怒），这也是可以接受的。当生活赐予你挑战和困难时，我们也不想让你对此"无感"，因为这样会很奇怪。如果你的思想和行为都在良性负面情绪表达之列，那就万事大吉了。

在了解了各种情绪问题之后，我们接下来将评估 ABCDE 模型中的 ABC。如果你心中已经想好了一个情绪问题，并认为之前所读内容适用于你，就请记录下来。

评估"A- 诱发事件"

现在我们回到西奥的案例。为了找出他身上发生的问题，我希望他能向我提供一个对社交场合感到"紧张"的具体案例。于是，我让他提出一个想要解决的典型问题，还有一个最近发生的、让他最难忘、细节最生动的事件。我想要他尽可能具体而生动地回忆并复述这一事件，这样一来，我们就能"榨出"他所有的困扰，也更有可能发现事情的端倪。

西奥的"诱发事件"

西奥告诉我："把我带到这里的'最后一根稻草'是这么一件事，上个月我朋友贝丝过生日，她是我最好的朋友，她也知道我有社交问题，但还是想让我过去，并让我许诺一定会去，我也这么做了。但刚答应她，我就感到浑身不自在。赴约的日子一天天逼近，我也越来越焦虑。有时候，我的脑子里只有这件事，担心这，担心那，生怕哪里会出错，有时甚至会忘记自己手中正在做什么。聚会前的那一周对我来说异常艰难，每天晚上我都辗转难眠。当那一天到来时，我却泄了气，取消了行程。我没有去聚会，我觉得非常内疚，我让贝丝不高兴了，她对我很失望。就在那时，我决定了，得做些什么来改变现状。我总是这个样子，总说会去，哄自己说'或许会去'，但其实知道自己并不会，然后默默退出，还会为别人的不快感到罪恶。"

从以上这件事可以清楚地看出，西奥确实对社交非常焦虑。这种情绪不光妨碍了他的日常工作和生活（有时忘记自己正在做什么，再加上影响到睡眠），还使得他通过不参加聚会来回避。西奥的治疗目标非常明确，他想控制自己的焦虑，希望自己能够进行社交，参加聚会，不要再让朋友失望。

因此，西奥的 ABC 表格是这样的：

A- 诱发事件	C- 后果
贝丝的聚会	焦虑

接下来，我们需要更全面地评估西奥的"诱发事件"。过于焦虑而无法参加贝丝的聚会，这还不足以发现是"四种想法"中的哪一种正在对他产生不良影响，或者这些不合理信念具体是什么。他或许在社交活动的许多方面都感到不安，并为此感到焦虑。但在所有事情中，有一件事给他的困扰最深，会激起他最大的焦虑。

人们一般都非常了解自己，你也非常了解自己，这再好不过了，因为过一会儿，我会让你也提出一个类似西奥的问题。现在呢，我让西奥闭上眼睛，想象一下聚会当天的情景，然后问他："在贝丝的聚会上，是什么让你感觉如此焦虑？"他或许会回答，"讲错话"或者"不受欢迎"，甚至是"被他人评头论足"。无论他给出何种答案，这些都属于"诱发事件"（贝丝的聚会）中的某一方面，并且是给他最大困扰的那一面。这就是关键诱发事件（A）。这一点十分重要，我要重复一遍。

关键诱发事件（A）是某一事件中最让你困扰的那部分。

如果西奥不能给出简明或确切的答案，我们可以列出他对参加贝丝聚会感到不安的所有事情，其中可能会包含如下内容：

★ 说错话

167

★ 不受欢迎

★ 被他人评头论足

★ 无话可聊

★ 出洋相

★ 被人看出来很紧张

★ 被人发现很害羞

★ 太害羞,不敢开口

这样一来,西奥的问题就有点眉目了,我们现在更加清楚地了解了西奥所担心的事情。上述列表里的所有事情都令人不安,会造成不合理信念。但是,列举的事件之一将是所有事情的"罪魁祸首",会触发不合理信念,而我们则需要努力解决它,让西奥今后可以外出参加聚会活动。当被问到究竟是哪一条让他如此焦虑时,西奥选择了"被他人评头论足"。各位,我们找到症结所在了。西奥的 ABC 模型目前如下表所示:

A- 诱发事件	C- 后果
被他人评头论足	焦虑

接下来轮到你了,请在 A 栏写下一个困扰你的问题——一个诱发事件,然后根据上文提到的八种情绪,在 C 栏写上此问题引发的后果。

A	C
我的诱发事件是:	我的后果是:

请写下一个你面对的具体事件,这一事件要能够代表你想解决的问题,或者是最近发生的、令你印象深刻的,或者是你记忆犹新的。请在你的笔记本上或者下方空白处写下事件的来龙去脉。

把你的诱发事件当作一个最近发生的、生动形象的故事

我们现在要找出你的关键诱发事件。请写下这件事中最让你感到困扰的一面,即最能够让你产生焦虑的情景(如果你需要解决的问题是焦虑),或者是最能够让你感到抑郁的情景(如果你需要解决的问题是抑郁);或者是最能够让你感到愤怒的情景;等等。如果你无法找出非常确切的情景,那你可以在笔记本上或下方空白处写下某一问题中所有让你感到困扰的方方面面。

某一问题中让你感到困扰的事有:

请在以上列表中找出最让你困扰的事件——关键诱发事件——然后将它写在 A 栏,同时不要忘了在 C 栏写上相应的后果。

A	C
我的诱发事件是:	我的后果是:

接下来可以进入下一个环节了——找出自己对此持有的信念。但是首先，你可能需要休息一下，毕竟你已经取得了很多进展。稍事休息，喝点儿饮料，呼吸呼吸新鲜空气，准备好后再回来。如果你现在已经一切就绪，那么就请继续阅读。

找出西奥的信念

迄今为止，你已经非常熟悉那四种会"毁掉"你的想法了，它们处于 ABCDE 心理健康模型中的 B（信念）处。在西奥的案例中也是如此。这四种想法"会在 B 处"，因为这里总有一个"绝对需求"，不过我们并不知道在此情境下，其他三种不合理信念中会有多少浮现于此。不是每个人都有"糟糕化"的倾向，也并非每个人都会表现出"低耐挫力"，当然也不是每个人都会贬低自我或他人。另外，即便你在面对一个具体的"绝对需求"时也怀有其他三种不合理信念，也不要自动假定你在面对其他问题的"绝对需求"时也怀有其他不合理信念。一定要找出那个"绝对需求"，但其他三者存在与否要看每个具体案例。

目前为止，对于西奥来说，我们了解的情况如下：

A	C
被他人评头论足	焦虑

"绝对需求"总是最困扰你的那件事情的僵化版本，也是关键诱发事件的僵化版本。它是带有"必须""不得"或者"应该""不应该"等字眼的关键诱发事件。

比如说，如果我有火车隧道恐惧症，那么最让我困扰的事就是被困在隧道里，我的"绝对需求"就是"我绝对不可以被困在隧道中"；如果我跟另一半发火，那么困扰我最深的则是对方没有尊重我，然后我的"绝对需求"就是"对方必须尊重我"。西奥的问题是社交焦虑，其中困扰他最深的是怕被他人评头论足，因此，他的"绝对需求"是"我一定不能被他人评头论足"，就像这样：

A		B	C
被他人评头论足	僵化教条的绝对需求	我一定不能被他人评头论足	焦虑

现在，我们需要确定西奥是否有"戏剧化"表现，有没有"我应对不了"的反应，或者在"绝对需求"下贬低什么人或事。请不要自动假定这三者均已存在于此。

还记得吗？"糟糕化"是你在"绝对需求"未能达成时，对事态严重程度的评估；而"低耐挫力"是你在"绝对需求"未能达成时，对自身能力的判断；而"自己、他人或者这个世界烂透了"是你在"绝对需求"未能达成时，对自己、他人或者某些事的评价。

那我们再来问问西奥，当他想到贝丝的聚会时，令他最为不安的是他人的评头论足，为此他倍感焦虑，那么，别人的评论对他来说是"糟糕至极"吗？这是不是最恶劣的事？如果答案是肯定的，那就将其记录下来；而如果答案为否定的，那便无须记录。

重要的是要听从你的直觉，而非你的想法。不要去思考答案，而是去感觉。鉴于你目前的状态（你在阅读本书，西奥在接受心理治疗），你的思想会试图给出一个理性的答案。但是，在这一环节中，我们想要的不是理性答案，而是非理性答案，是你在感受到困扰的情况下给出的答案。请你不要思考，而是直接做出反应。在目前这个案例中，答案是肯定的。如果西奥去了贝丝的聚会，而别人对他评头论足，那就是糟糕至极（真的，这是他想象中会发生的最坏的事）。那么现在我们就有了两个不合理信念：

A		B	C
被他人评头论足	僵化教条的绝对需求	我一定不能被他人评头论足	焦虑
	戏剧化夸大事实	如果被他人评头论足就是糟糕至极	

现在，我们重复上述步骤来检测一下此案例中是否存在"低耐挫力"的信念。当西奥想到贝丝的聚会，想到在聚会上自己会被他人评头论足时，当他为此焦虑不堪时，他会不会觉得难以忍耐？同上次一样，我们希望听到西奥在最焦虑的时刻发出的心声。我们想要他直觉上给出的答案，而不是思考后的答案。这一次，西奥的回答也是肯定的。因此，我们现在就有了三个不合理信念：

A		B	C
被他人评头论足	僵化教条的绝对需求	我一定不能被他人评头论足	焦虑
	戏剧化夸大事实	如果被他人评头论足就是糟糕至极	
	低耐挫力	我受不了被他人评头论足	

最后，我们需要用同样的方式来检测一下"贬低自我、他人以及整个世界"在此案例中是否存在。通常，有社交焦虑的人会自我贬低。当西奥最为焦虑时，他会贬损自己吗？别忘了，"自我贬低"的说法包括"毫无用处""一无是处""愚蠢""失败者""白痴""垃圾""没用的东西"等等。西奥回答说"是"，并且从中选出了"失败者"和"白痴"作为他贬低自己的宣言。因此，我们现在有了四种不合理信念，西奥的 ABC 表格如下所示：

A		B	C
被他人评头论足	僵化教条的绝对需求	我一定不能被他人评头论足	焦虑
	戏剧化夸大事实	如果被他人评头论足就是糟糕至极	
	低耐挫力	我受不了被他人评头论足	
	贬低自我、他人以及全世界	如果被他人评头论足，我就是个失败者和白痴	

根据理性情绪行为疗法，每当西奥想起贝丝的聚会时，他的脑海里就会浮现出上述想法。这件事触发了一系列不合理信念："我一定不能被他人评头论足""如果这件事发生了，那就是糟糕至极""我受不了他人的评头论足"；"如果有人对我上下打量、窃窃私语，那我就是一个失败者，像一个白痴"。这就是触发他焦虑不安的不合理信念，让他忘记自己正在做什么，在事件发生前夜无法入眠，活动当天取消约会、没有出席。

为了验证我们是否已经切中肯綮，我直接问西奥，对于他的问题，这是不是最准确的描述。他响亮地回答说："是的。"

现在我们来看一看那些与不合理信念对应的合理信念。为了帮助你回想起那些合理信念，这里另附一份表格：

不合理信念	合理信念
我必须拥有 XYZ	我想要拥有 XYZ，但不是必须拥有 XYZ
如果没有 XYZ，就糟糕至极	没有 XYZ 是挺糟的，但不至于糟糕至极
我受不了没有 XYZ	没有 XYZ，让我觉得有点为难；但我知道，我也受得了
如果没有 XYZ，我就是个失败者	即使没有 XYZ，我也不是失败者，而是一个既有价值又会犯错的普通人

这意味着，西奥的合理信念应该如此：

A		B	C
被他人评头论足	可以灵活变通的选择	我希望不要被人评头论足，但是没有理由说我一定不能被人评论	焦虑
	反糟糕化的洞察力	被他人评头论足是挺糟的，但不至于糟糕至极	
	高耐挫力	我觉得被人评头论足有点难以接受，但我知道自己能够应对	
	无条件接纳	即便被人评头论足，我也不是失败者和白痴，我是一个既有价值又会犯错的普通人	

现在，激动人心的时刻就要到来了：如果西奥掌握了这些合理信念，如果这些合理信念都是他下意识的想法，那么他会如何思考、感受和表现呢？西奥说，他还是会担心有可能被人评头论足，但却不会再因此而焦虑不安；他会觉得更愿意去参加聚会或社交活动，并且充满自信。他还说，有了这些信念，他肯定会去参加贝丝的生日聚会。另外，重要的是，如果有谁真的对他这个人说三道四，那他也只会因此觉得沮丧，而不会被击垮。

听起来很不错吧？就是如此，一个良好合理的信念体系会奏效，并一直发挥积极健康的作用。我们的目标就是为西奥建立起有效的理性视角，也就是 ABCDE 模型中的"E（有效的理性视角）"，这是他在拥有那些合理信念时思考、感受和表现的方式。

列出你的不合理信念

现在轮到你了。你已经写下了一个 A（诱发事件），还有一个 C（后果），现在请列出你的不合理信念。你在 A 处列出的内容都会变成 B 处的一个"绝对需求"：

不受控制	→	我必须掌握控制权
没被尊重	→	你必须尊重我
我没告诉你	→	我本应该告诉你
我的生活一团糟	→	我的生活不该一团糟
没能进入瓦尔哈拉殿堂[1]	→	我必须进入瓦尔哈拉殿堂

A		B	C
我的诱发事件是：	僵化教条的绝对需求		我的后果是：

一旦明确了自己的"绝对需求"，你就可以继续寻找在这一"绝对需求"下，你是否还持有其他三个不合理信念。不要忘了，并非每个人都有"糟糕化"倾向，也并非每个人都会表现出"低耐挫力"，同样并非每个人都会贬低自我、他人或整个世界。扪心自问，我在最受困扰的情况下，会不会觉得糟糕至极？是不是觉得难以忍受？有没有贬低自我或他人？此处需要一个情绪化的

---

[1] 原文为 Valhalla，瓦尔哈拉殿堂又称"英烈祠"，是北欧神话中死亡之神奥丁款待阵亡将士英灵的殿堂。——译注

回答，跟着感觉走，不要思考。如果你觉得某件事糟糕至极，这就说明你有不合理信念；如果你觉得难以忍受，即便只是一会儿，也意味着你有不合理信念；如果你感觉自己是个失败者，那么你也有不合理信念。

如果你觉得即便是在最受困扰的时刻，自己也不会这么说、这么想，那就无须写下来。

A		B	C
我的诱发事件是：	僵化教条的绝对需求		我的后果是：
	戏剧化夸大事实		
	低耐挫力		
	贬低自我、他人以及全世界		

继续下一步之前，请看一看你在自己的笔记本或上面的表格中写下的不合理信念。理性情绪行为疗法告诉你，就是这些信念触发了你所遭受的困扰（你的不良负面情绪）。再查验一遍，你所记录下来的是这个问题的准确描述吗？如果是的，你可以继续列出那些与之相对的合理信念了。如果不是，你或许需要重新反思以上填写的内容，再重复一遍这一过程。

建立你的合理信念

不要忘记,"偏好"需要否定"绝对需求","我必须有 XYZ"变成了"我想要有 XYZ,但不是必须得到它,或者没有规定说我必须得到它",而"XYZ 一定不能发生"则变成了"我更想要或者希望 XYZ 别发生,但没有理由说它不应该发生,或者没有规定说它一定不能发生"。

与"糟糕化"信念相对应的合理信念,仍然需要考虑到情况的"恶劣"程度;而"高耐挫力"也仍需要承受某一问题带来的困难与挑战;至于"对自己、他人和世界的无条件接纳",则需要接受所有事物都具有价值和缺陷的自然属性。

A		B	C
我的诱发事件是:	可以灵活变通的选择		
	反糟糕化的洞察力		
	高耐挫力		
	无条件接纳		

现在,激动人心的时刻就要到来了:如果拥有了以上的合理信念,你会如果考虑你的诱发事件?你会如何感受和表现?你觉得自己还会注意到哪些其他有益的影响?如果你没有得到自己更想得到的东西,你的感觉会如何?

简单来说,这些信念是不是能帮你达到目的?听起来是不是一个能继续发挥作用的良好信念体系?可以做到?太棒了!

目前，你已经了解了一系列会导致心理问题的不合理信念；你也了解了一系列合理信念，这些合理信念会改变你的思考、感受和行为方式，从而帮助你达成心理治疗上或生活上的目标。

很好，你已经顺利读完了本书最难的一章。现在，我们来看看本周"要做的事"，然后这周的任务就算完成了。

第二周要做的事

★ 要了解自己不合理的及合理的信念是什么。要牢记在心，如果有人问起，你可以脱稿并一字一句清楚地复述出来。

在阅读第三周的内容之前，请先回答下列反思性问题：

需要反思的问题

★ 本章的内容是什么？

★ 你能将这些已经明确的信念与你生活中其他任何方面联系起来吗？

★ 在阅读本章时，你有没有任何见解或"顿悟"时刻？在本周，你是否了解到自己的信念是什么，并反思它们有可能与生活中的哪些方面相关？

11. 第三周：质疑你的想法是否正确

智力发展应始于出生，终于死亡。

——阿尔伯特·爱因斯坦

当你的不合理信念根深蒂固时，理性就会消失，和你来上一场躲猫猫游戏，让你好找。当你冷静下来时，理性又会不知不觉地溜回来，然后你就会纳闷，为什么自己会被一点儿小事搞得如此鸡犬不宁。这就是为何质疑自己的想法是至关重要的。理性情绪行为疗法提供了一些方法，让你在不冷静的时刻还能保持理性，让你在做出反应之前先思考。

在上一章，你已经找出了自己的不合理信念，而这一章我们将要谈到的是 ABCDE 心理健康模型中的 D（Disputing），意思是质疑，也是一个带有挑战意味的字眼。质疑是反复挑战你的个人信念的过程，以此来弱化你的不合理信念，强化合理信念。在此过程中有各种各样的练习，帮你逐步改变思维、感觉和行为方式。

前文中已经介绍过了第一个"质疑"练习，也就是提出"反对观点"或"争论"——这一练习贯穿于本书第一、第二部分，也就是在介绍四种不合理信念和四种合理信念的部分。我们在这一章要旧事重提，再次对"质疑"进行补充介绍。看上去或许有些重复，但出于两个原因，这种重复是十分必要的。

第一，"质疑"是我们挑战个人信念的一块基石，如果没有质疑，你的理念是站不住脚的（至少在情绪上如此）。第二，重复是关键，是我们习得知识的方式，让我们在学习过程中足够投入，并将所学内容牢记于心，我们自打小时候起就是这么学习的。

比如说，我问你"三乘以三等于多少？"或者"六乘以六等于多少？"，你可能有点儿惊讶，为什么我突然随意地在一本自我心理治疗的书里抛出一两道数学题。但是我仍希望你能快速地回答出"9"和"36"，更重要的是，不要使用计算器、不要用手指比画或动笔演算。"9"和"36"就是实际的正确答案，在你的头脑中根深蒂固，无可置疑，不需要检验，因为你知道这就是答案。但你又是如何做到的？

其实你纯粹是通过重复而达到如此效果的。你大概和我有类似的经历，小时候在学校里，与班上其他所有同学站在一起，不断重复背诵乘法口诀，直到将其永远刻在记忆里。

我们需要重复，不只是在"质疑"环节，是在所有练习中都要如此。为了实现有效的改变，为了破除你的不合理信念，也是为了争取控制住你的不良负面情绪，重复是关键。

重温"质疑"

如果你还记得,在"质疑"中会使用到三个问题,或三种挑战。那些问题是:

1. 这个信念是真实的吗?
2. 这个信念合理吗?
3. 这个信念对我有益处吗?

这些问题适用于你的每一个不合理信念,让它们一个接着一个受到质疑;然后针对你的每一个合理信念,再逐个进行挑战。不要忘了,这些问题可以应用在所有领域:数学、科学、哲学等。这三个问题几乎可以质疑所有理念。无论是在进行科学研究、哲学思考时,还是质疑政治观点时,都可以让你看清哪些观点站得住,哪些站不住。在这里,我们正是要对你的信念进行质疑。

"这是真实的吗?"是一个科学上的问题,或者法理上的问题,因为它需要被证明,需要证据来支持这一陈述。"这是合理的吗"是逻辑上或常识性的问题。比如"仅仅是因为 ABC,那么就能在逻辑上得出 XYZ 吗?"最后,"这对我有益处吗?"是最显而易见的问题。你的目标明确,你只是想知道某个具体信念是否可以帮你实现目标。

"质疑"是一种能够在哲学和治疗方面发挥相当出色效果的技能。你上一次挑战自己想法的真实性是在什么时候?你是否质疑过某一想法的逻辑性和实用性，以及直接对你个人或其他方面产生的影响？你认为，目前自己有多少想法是不真实的、不合逻辑的以及无益的？如果你摒弃这些想法的话，对你来说意味着什么？如果你接受了一些新的想法，这些想法不仅有效而且合乎逻辑，还能帮助你并带来你想要的结果，你又会获得什么？

我们来复习一下自己可能会持有的不合理信念：

僵化教条的绝对需求："绝对需求"绝对不是真的。如果是的话，这些需求百分之百每次都能得到满足，过去如此，未来也将如此。"绝对需求"没有道理。仅仅因为你想要某事发生，并不能从逻辑上得出"它一定会发生"的结论。"绝对需求"对你也没有帮助，只会困扰你，摧毁你。

戏剧化夸大事实："糟糕化"的想法也不是真的，因为你总能想到更糟心的事。仅仅因为某件事不好，并不能从逻辑上说它就是"糟糕至极"。夸张地说某事糟糕至极并不能对你有所帮助，而只会让事情变得比实际情况更糟，并且让你变得有点儿"戏精"。

低耐挫力：认定自己无法应对或忍受某件事也不是真的。如果你真的忍不了什么事，这件事应该会置你于死地才对。而仅仅因为你觉得事情很难处理就认定自己应对不了，这没有什么道理。持有这种信念对你而言毫无益处。它会削弱你的耐力，让你变得软弱不堪，更有可能让其他不良应对策略乘虚而入。

贬低自我、他人以及全世界：声称自己没用、愚蠢或白痴是不对的。你做对的每件事，取得的每个成就都是积极的证据，证明你不是这样的人。对其他人和事来说也同样如此。仅仅因为你或别人在某件事上失败了，并不能从逻辑上得出一个结论说你或他们就是彻头彻尾的失败者。而这个世界也不可能是完全可怕的，因为世上还存在着美好的事物。诋毁贬低人们和世界并不能对你有所帮助。

简言之，不合理信念不是真的，也不合理，并且对你毫无益处。而你的合理信念则完全是另一回事：

可以灵活变通的选择：偏好总是真的。如果你说更想要什么，那么这一想法对你来说就是真的。但当你没有得到它的时候，"没有理由必须得到"或"没有规则说我必须拥有它"的信念说明了你的偏好是灵活的。灵活的偏好也是合理的。即使你非常渴望某件东西，也不一定总能得到它，接受这一点也是完全合乎逻辑的。灵活的偏好还可以为你带来良好的心理健康状态。

反糟糕化的洞察力：如果你相信事情只是不妙而非糟糕至极，那你也能证明这是真的。你不喜欢什么什么就是坏事，但你总能想到更坏的事会发生（或已经发生），这样你就能证明困扰你的事并非糟糕至极。觉得某件事不好或者不喜欢什么是合乎情理的。觉得自己的坏事并非糟糕至极也是再恰当不过的。相信事情只是不妙而非糟糕至极，这样的想法总能帮你保持清醒、看透问题本质。

高耐挫力：如果你相信事情很难处理但同时也知道自己能够应对，这种想法是真的。你的情绪、反应，甚至一次彻底的崩溃都是证据，证明你可能会发现问题很棘手，但你仍然活着并且可以和他人讲述你的故事，这也证实了你可以应对。承认自己觉得事情有难度是理性的想法，而判断自己可以应对困难和挑战也是相当理性的结论。这一信念也会帮助到你：它让你的心智更加强大坚韧，帮你应对逆境。

无条件接纳：你可以证明自己不是失败者，你的成功就是最有力的证据；你可以证明自己并不愚蠢，你所擅长的每件事也都是证明。另外，你同样可以这样举例来为其他人证明。这个世界并不是一个完全堕落而可怕的地方，因为世上还有美好与善良；而你的工作也并非一无是处，因为你定能从中发现喜爱之处。你可以证明自己容易犯错，因为你会做错事。每个人都是如此，每个人都可能犯错。你甚至可以证明自己的工作也是有缺陷的。没有什么是完美的，不是吗？另外，谈起人类，众生平等，我们都有价值，人间值得。因此，"我不是失败者，我是一个既有价值又会犯错的普通人"，这种信念是真的。评论自己和他人的某个方面是很合理的（例如，我擅长于此，但不擅长于彼），而将自己和他人视为有价值也容易犯错的人也是合理的。两者在逻辑上有连贯性。如果你的自信不是建立在你的"某个附属品"上，而是建立在你作为人类的固有价值上——无论是你的优点还是缺点，成绩还是失误，所有一切你与生俱来的品质——那你就会感到更加自信。

你的合理信念是真的，且有助于你保持冷静和理性。

以上就是"质疑"环节的大概内容了（虽然重复了前两部分的内容，但这么做是有正当理由的）。"质疑"是非常理性而客观的，其初衷是帮你明智地思考问题，不要做出情绪化的反应。

当人们进行"质疑"练习时，特别是在诊疗室接受治疗时，他们经常宣称我指出的问题过于显而易见，根本没有分析的必要。我对这类指责欣然接受。就像我早先提过的，当你的不合理信念闯入你的大脑时，你的理性就消失了。而且，如果这种情况发生了，你绝对不会头脑清晰地为自己指出那些显而易见的问题。你可能会毫无头绪，迷雾升腾缭绕，四周皆是森林，你却无枝可依。"质疑"是一种简单直接的技巧，让你做到理性和客观，不被情绪左右。[1]

西奥的"质疑"过程

首先，我们给西奥的每条不合理信念（关于被别人评头论足的）都准备了将要进行质疑的问题，接着会针对相应的合理信念逐一提问检验。然后就轮到你了。你需要用这些问题对你在前一章明确下来的那些信念进行质疑和挑战。

西奥"显而易见"的问题是这样的：

我一定不能被别人评头论足

1. 这个信念不是真的，因为我过去就被人评论过，将来还可能再次被人评头论足。

---

[1] 情绪不是事实，不是总能反应实际情况，尤其是当你怀有不合理信念时。你感觉糟糕至极，并不意味着情况真的糟糕到不可救药。当你持有合理信念时，可以称自己的感觉为"直觉"并且更信任它们。

2.只因为我不喜欢被评论,并不能从逻辑上得出我一定不能被评头论足。前者是理性的(我不喜欢被评论),而后者是非理性的(我一定不能被评论),两者在逻辑上没有关联。

3.这个信念也于我无益。它让我焦虑,焦虑到不能参加聚会和社交活动。这也意味着我会受到更多来自他人的负面评价。我的朋友会批评我的缺席,要是其他人当时见到我的话,则会认为我是个紧张兮兮的胆小鬼。

如果被他人评头论足就是糟糕至极

1.这不是真的。这不是一件糟糕至极的事,因为我能想到有时会发生比被他人评头论足更恶劣的事情。

2.仅凭我不喜欢被人评论就说这件事糟糕至极是没道理的。前者是理性的(我不喜欢被说三道四),而另一个信念是非理性的(被他人评论是糟糕至极的事),两者在逻辑上没有关联。

3.这一想法对我也没什么帮助。相反,它夸大了事实,让事情看起来比实际上更糟。我不仅是做出反应,而且是反应过度,这可不是什么好事。

我受不了被他人评头论足

1.这个信念不是真的。我以前被人评论过,但我并无大碍,这件事并没有要了我的命。我还活着就是一个证据,证明这种说法不是真的。

2.我不喜欢被他人评头论足。谁又会喜欢呢?或许我发现自己的情况比别人更严重些，但这并不意味着自己忍受不了。"我发现这件事很困难"是一回事，"我忍受不了"是另一回事，两者在逻辑上没有关联。

3.这个信念不能帮到我，因为如果我抱有这种想法，我会尽量避免社交。回避成了我的应对策略。

如果被他人评头论足，我就是个失败者和白痴

1.这个信念不是真的。我有能力、有工作、有兴趣爱好、有家人和朋友，他们都喜欢这样的我，因此我不是个失败者和白痴。

2.这一信念也很不合理。好吧，社交确实不是我的强项。我不是很擅长社交，所以很有可能因此得到一些负面评价。我的行为可能有点蠢，但仅据此就说自己是个蠢货是不符合逻辑的。它们是两码事，在逻辑上说不通。

3.这个信念也不能帮助我。事实上，它会削弱我的自信，如果真的去社交了，这种信念还更有可能让我收获负面评价，会让我更讨厌自己。

我希望不要被人评头论足，但是没有理由说我一定不能被人评论

1.我更希望大家不要在背后对我评头论足，这个想法是对的。实际上，这对每个人来说可能都是如此，但对我来说程度更深一些，所以它成了我的一个心结。人们可以评论我，他们曾经这么做过，可能将来仍会对我评头论足，基于此，没有理由说他们绝对不能这么做。

2."我不喜欢被人评论"这个说法也是理性的。就算不喜欢，但也能接受别人这么做，这样说也相当理性。两者在逻辑上说得通。

3.这个信念也能帮我接受被人评论的可能性，同时，也能帮助我对整件事保持冷静。它能让我不带丝毫恐慌地走进一个房间。

被他人评头论足是挺糟的，但不至于糟糕至极

1.这个信念是真的。我不喜欢被他人指指点点（因此这是一件坏事），但我没有疾病缠身，不是无家可归、穷困潦倒或没有朋友，所以我能想到比这更坏的事（因而此事并非糟糕至极）。

2.我不喜欢被人评头论足也是理性的说法，接受此事并非糟糕至极亦是理性的。两者在逻辑上说得通。

3.这个信念能帮助我，它给我提供了一种看透问题本质的能力。我将看到的是"他人对我的评论"本身，而不会将其扭曲放大。

我觉得被人评头论足有点难以接受，但我知道自己能够应对

1.这个观点完全正确。我确实发现很难应对这种情况（我的焦虑可以证明），但我知道自己可以应对得了，因为我并没有因此身亡。

2.感觉此事困难的说法是理性的，而"顶得住这种为人指摘所带来的痛苦"也是理性的。两者在逻辑上说得通。

3.这个信念也可以帮助我，被他人指指点点时，它可以帮我应对这些负面评价。更重要的是，它能帮我进行社交。

即便被人评头论足，我也不是失败者和白痴，我是一个有价值也会犯错的普通人

1. 这个信念是真的。我取得过成功，获得过成绩，有一技之长，所以我不是失败者；我也有不擅长的事，完全做不好的事，我犯过错，也曾失败过，所以我并非完美的，但却也是有价值的，我们都是这样的人。

2. 承认自己的失败是合理的。面对缺点，接受自己是一个有价值也容易犯错的人，这同样是理性的。两者在逻辑上说得通。

3. 这个信念也能帮到我，它带给我自信。我会跟自己相处得更融洽，我也可能会出去和别人相处，就算社交不是我的强项。

这样看来西奥的不合理信念不是真的，不合理也不能帮他达成目标；而他的合理信念是真的，有道理还能帮他达成所愿。

现在，轮到你了。我想让你利用本章所学到的东西（还有本书第一和第二部分所有关于"质疑"的内容），然后将其应用于自己的具体信念上。你可以摘抄以上读过的内容，如果需要的话，可以逐词抄录。但我更希望你以上述内容为基础，以自己的语言和方式去质疑你的那些信念。

还有就是，如果你不喜欢把事情写下来，那你可以随时通过录音机将你对信念的质疑过程录下来。[1]

---

[1] 很多人用智能手机中的录音功能将他们"要做的事"录下来，然后在进行下一个疗程时拿给我听。

我的僵化教条的绝对需求是:

_____

_____

1. 它不是真的,原因是:

_____

_____

2. 它不合理,原因是:

_____

_____

3. 它不能帮助我,原因是:

_____

_____

我的"戏剧化夸大事实"信念是:

_____

_____

1. 它不是真的,原因是:

_____

_____

2. 它不合理,原因是:

_____

_____

3. 它不能帮助我，原因是：
_____
_____

我的"低耐挫力"信念是：
_____
_____

1. 它不是真的，原因是：
_____
_____

2. 它不合理，原因是：
_____
_____

3. 它不能帮助我，原因是：
_____
_____

我的"贬低自我、他人以及全世界"信念是：
_____
_____

1. 它不是真的，原因是：
_____
_____

2. 它不合理，原因是：
_____
_____

3. 它不能帮助我，原因是：
_____
_____

我的"可以灵活变通的选择"理念是：
_____
_____

1. 它是真的，原因是：
_____
_____

2. 它合理，原因是：
_____
_____

3. 它能帮助我，原因是：
_____
_____

我的"反糟糕化的洞察力"理念是：
_____
_____

1. 它是真的，原因是：

_____

_____

2. 它合理，原因是：

_____

_____

3. 它能帮助我，原因是：

_____

_____

我的"高耐挫力"理念是：

_____

_____

1. 它是真的，原因是：

_____

_____

2. 它合理，原因是：

_____

_____

3. 它能帮助我，原因是：

_____

_____

我的"无条件接纳"理念是:

_____

_____

1. 它是真的,原因是:

_____

_____

2. 它合理,原因是:

_____

_____

3. 它能帮助我,原因是:

_____

_____

第三周要做的事

★ 在本周内整理出你的质疑问题,进行反思,并尝试将其应用于你已经列出的具体问题上。(如果还没看到效果,不要担心,因为这不是当前的重点。本周目标是养成理性而客观的思考习惯。)

★ 尝试将你在本周学到的知识应用到日常生活中遇到的其他情况和场景中。也就是说,如果你发现自己正在表达或考虑一个"绝对需求",感觉某件事太糟糕或有些情况难以忍受,把自己或其他人称作是白痴时,请停下来对其中暗藏的信念进行一番质疑。

在你下周开始阅读第四周这一章之前,回答下列反思性问题:

需要反思的问题

★ 本章的内容是什么?你是如何应用它的?

★ 你能将"质疑你的信念"与你生活中其他任何方面联系起来吗?你这么尝试过吗?如果有的话,效果如何?

★ 在阅读本章时,当你在质疑自己的信念,并在过去一周内反思它们有可能与哪些事情相关时,有没有任何见解或"顿悟"时刻?

12. 第四周：所说即所得

> 如果你希望说服我，就必须想我所想，感我所感，说我所说。
>
> ——西塞罗

到现在为止，如果你已经跟上本书之前章节给出的步骤，你就应该已经做到：明确了一个问题，列举出了不合理信念（这些信念引发了你对该问题的情绪和行为反应）并提出了可以与此对应的合理信念——这些信念为所有相关方面带来更加合理而有益的结果。前面所说的不健康信念中一定包含某种"绝对需求"，且至少包括以下不合理信念中的一个："糟糕化"信念，"低耐挫力"信念以及"对自我、他人或世界诋毁贬低"信念。而合理信念所包含的是与上述每个不合理信念相对应的理性内容。

我希望你也已经对这些信念进行了质疑。但我敢说你仍然处于困扰之中，对吗？你仍在用原来的方式进行思考、感受和行动。

是的，你可能已经注意到，自己处理某些事情的方式发生了一些改变，比如一些不那么严重的、不怎么令人困扰的事。而当你摊上大事儿——一些真正让人头疼而你的确想掌控住的事情时，你的反应仍和以前一样。我知道这十分讨厌，但就目前来说，如此表现也完全符合你所处的阶段状况。

很多年前，我曾有一位患者，他的问题是隧道恐惧症。当我们在质疑他的信念时，他突然有所顿悟，特别是说到他的"戏剧化夸大事实"和"低耐挫力"的问题时。

从他的表情中，很明显能看出他有所领悟，因此我问他在想什么。"我只是突然间想通了生活中的很多事，"他说道，"我意识到，自己总是背负很多压力，因为如果哪件事出了哪怕一丁点儿的差错，我都会觉得到了糟糕至极、不可救药的地步，而且我总是说：'我受不了这个，受不了那个。'我在大学期间紧张兮兮，工作中也一直充满压力，这些究竟是为了什么？我不会再这样了。"

后来他真的履行了自己的承诺。实际上，在之后的一个星期里，无论在生活还是工作中，他都变得非常冷静和放松，以至于他的朋友、家人和同事们都一直对他开玩笑："你是谁呀？你把我们的西蒙怎么着了？"

这一周他过得如此轻松，于是决定给我一个惊喜（或惊讶）。那天，外面下着雨，尽管我们还没布置这项任务，他仍然选择了乘地铁出行。不过他有件事做对了。见到他时，我很惊讶，因为，当我打开门时，映入眼帘的是一个浑身湿透、气喘吁吁的"烂摊子"，满口胡言乱语，说不明白自己刚刚遭遇了什么，为何如此恐慌。

尽管他到我这儿的路程很短,最多五站,但所有可能出错的地方都出错了,一切可能触发他不合理信念的事情都发生了:开始是瓢泼大雨,有的地铁站被水淹了所以停运了。恶劣的天气导致多条线路出现信号故障,因此每个车站都已人满为患,列车运行缓慢,里面载满了热烘烘、气呼呼和湿漉漉的乘客。

西蒙坐在列车的座位上,试图躲避恐慌的袭击,一遍又一遍地背诵他的信念,不管是合理的还是不合理的,然后在自己的头脑中尽可能响亮地质疑它们,甚至还小声地喃喃自语。可是,他觉得越来越恐惧,已经到了不知所措、濒临崩溃的地步,他奋力挤出人群,逃下火车,不停地大喊:"让我出去,让我出去,让我出去!"

自此之后,他的困扰更加深了,因为他尝试了理性情绪行为疗法却惨遭失败。他得出仅剩的结论:要么是这种治疗没啥效果,要么是他不擅长于此。

正如前文所述,理性情绪行为疗法在日常生活中能起到很好的指导作用,这也是为什么西蒙能如此成功地将其应用在自己的日常生活中。有时候,三言两语就足以修正某些不合理却习以为常的反应。可是,将理性情绪行为疗法作为一个有效的心理治疗方式去面对具体的心理困扰,和将其作为一般的生活哲学去指导生活相比,前者需要付出更大的努力。质疑你的日常想法是一回事,而质疑你头脑中根深蒂固、引发情绪困扰的信念是另一回事。

西蒙在他的日常生活中经常使用"质疑"并取得了良好的效

果，但当涉及他身上那些真正非理性的事情时，这种方式尚未起到帮助作用。

俗话说，欲速则不达。如果你有隧道恐惧症，除非是和你的治疗师达成一致，将其作为一项治疗任务执行，否则不要轻易踏上地铁列车。

问题是这样的：从理性上、逻辑上和客观上讲，你已经知道自己的不合理信念是不正确、不合理的，对你也没有任何帮助。但你还会不自觉地想到它们。因为这些是你根深蒂固的信念，依然是你原本的思考方式，会自动出现在你面前。

另一方面，可以肯定的是，对于你的健康信念而言，你知道它们是真实的，也确实有道理，并且可以提供帮助；但是你的感觉还不到位，你不相信它们，并没有被说服，它们不是你的自然思考方式。革命尚未成功。

到目前为止，本书阐释了如何让你对问题及其背后的信念形成理性理解。但是，为了使你的思维、感觉和行为方式发生有效转变，我们还必须发展所谓的情感理解。

简而言之，理智上的理解是知道应该做什么，而情感上的理解则是相信自己可以做到。我们始终需要首先进行理性理解，这是一切的基础。没有这一基础，你的不良负面情绪将继续支配你的意志。一旦我们有了理性思考的基础，就可以开始着手清除那些情绪问题，而这些问题的背后就是你挥之不去的不合理信念。

不光要关注表达的内容，还要注重表达的方式

这就是"有说服力的思辨能力"的关键所在。借助这一点，你将形成真正有意义、有说服力而充分的论据，从而瓦解不合理信念，放它们远走高飞，让你不再受其困扰。同时，你还将建立起有意义、有说服力而充分的论据，从而巩固那些合理信念。即便这些合理信念还没能取代前者成为你的自然思维方式，可你一旦拥有了这一能力，定会比此刻更加信赖合理信念，也更有可能将其付诸实践。

我们需要以有序而持续的方式来实现这项能力。你仍需要盯住你的不合理信念，不放过任何一条，也需要着眼于你的合理信念，逐一查验，对它们发起质疑。但是，这一次的质疑会更加个性化。

在你开始这项练习之前，我会展示几个颇有说服力的论据，但是请不要只是简单复制粘贴我所写下的内容，或者将它们作为你形成个人论据的模板。为了具有真正的"说服力"，你的论据需要完全由你自己来制定。我会给出两个主要原因，说明为什么需要你对自己的论据进行"个人定制化"。在这一部分，你需要进行深入思考。

你的论据需要完全由你自己来制定的第一个原因是，从本质上来说，所有的说服都是自我说服。[1]

---

[1] 根据一些社会学家的意见至少是如此。

对很多人而言，广告并不能说服他们购买任何产品。广告商在广告宣传上投入上百万资金——创造品牌影响力，通过吸引观众购买他们的商品来赚钱。但是广告并不能说服你买下任何东西，真正说服你的人是你自己。你看着广告，然后决定你是买还是不买。你才是那个让自己凑上前去的人："嗯，好吧，我想要试试那个。"同样，你也可以盯着广告，尽收眼底，甚至十分欣赏，接着却张口道："不，谢谢。"就是这样。

假如说，你我在一个聚会上相识，然后开始闲聊，进而对话内容转向一个宏大的话题：政治、宗教等。你有一个观点，而我却恰好持有反对意见。我们都喝了几杯，因此聊天进行得相当热烈，不是恶言相向，而是激情澎湃的那种，这其中也有酒精在推波助澜，帮我们打开了话匣子。谈话临近尾声，我让你接受了我的观点。但是，我并没有说服你，也没有让你感到信服，是你自己做了所有这些。你才是那个在头脑中衡量一切并决定改变想法的人。无论我多么激情四射，也不管我为自己的案例争辩得多么精彩，其实，你听从的始终是自己的内心独白，然后决定站在我这边。如果你已经劝阻了自己，那么我也无处下手了。

说到喝酒，不久以前，我的一位朋友收到一份生日礼物——一瓶盐渍焦糖伏特加。这份礼物还真是深得人心，毕竟她是"盐渍"和"焦糖"产品的资深粉丝，而且喜欢伏特加。她还喜欢偶尔小酌一杯马提尼，里面一般调有一小杯意式浓缩咖啡、一小杯利口酒和——你可能已经猜到了——一小杯伏特加。

"到底有没有盐渍焦糖伏特加意式浓缩咖啡马提尼呢？"她

想，然后立马上网搜索，这种鸡尾酒配方确实存在。事实上这类配方着实不少。而且，所有配方都建议，若想获得口感醇厚而浓郁、令人心满意足的意式浓缩咖啡马提尼体验，需要使用咖啡机制作的意式浓缩咖啡，这样味道会醇香浓郁；而若使用速溶咖啡，口感则寡淡无味。这引起了她的思考。

"我很喜欢喝咖啡，"她思忖，"而且总在咖啡店买的话确实太贵，外带咖啡也很不环保。如果能自己在家做的话，我就随时都可以喝到了。况且，和朋友一起享受'盐渍焦糖伏特加意式浓缩咖啡马提尼'之夜该多么美妙哇。再说，我自己平时也喝咖啡，经常喝，所以家里有台咖啡机应该不错。这么一想，咖啡机还真是必不可少。"

因此，她买了一台售价200英镑的高级咖啡机。所有这一切都是因为她收到了一瓶盐渍焦糖伏特加。这就是自我说服的力量。自我说服是社交影响理论的一个方面，其中提到了你在劝说自己改变行为模式时扮演着重要角色。如果我试图劝说你，这是直接的方式。改变动机是外在的，也就是从我这里传到你那里。而如果是你自己在劝说自己，这就是一个间接而内在的过程。我鼓励你改变，那我只是起到影响的作用，但实际动力源自你的内心。自我说服是两者中更深刻和更持久的那个。

另一个可以解释为什么你的论据需要完全由你自己来制定的原因是，为了达到一定的说服力，这些论据需要更个性化。这就意味着这些论据只能由你自己制定，其中必须包含从你的个人经历中提炼出的案例和故事。

想象一下，我组织了一个社交焦虑症小组，有十个人参加，其中包括西奥。社交焦虑症通常（且不唯一）是对负面评论的恐惧，这也是西奥焦虑的根源。假设小组中十个人全都对负面评价有相同的信念，诸如"我一定不能被评头论足，否则就糟糕至极，否则我就难以忍受；如果我被人评头论足，那一定是因为我一无是处、愚蠢笨拙"。

当我们开始质疑这些信念时，十个人都给了我相同的答案。无论年龄、性别和文化背景有何差异，他们对不合理信念的答案统统都是"不，不，不"，而对合理信念全都回答"是，是，是"。可是，如果进一步发掘具有说服力的导致不合理信念的原因时，每个人都会给出不同的答案，也会探讨不一样的案例。

这是因为这十个人中的每个人，无论分享着看上去多么类似的导致其焦虑的不合理信念，却都过着截然不同的生活，并在不同时间、不同方面受到这些信念的影响，由此产生不同的后果。简单来说，他们的个人故事会有所不同。因此，你必须因人而异，深入探究。

在构建有说服力的论据时可以使用的好问题是：

★ 如果持有这个信念的话，我能得到些什么？

★ 如果持有这个信念的话，我会如何思考、感受和表现？

★ 这个信念会导致我做哪些事？

★ 这个信念会阻止我做哪些事？

★ 这个信念还会影响到谁？

★ 通过这种信念我会得到什么结果，我是否喜欢那些结果？

在我们研究什么是具有说服力的论据之前,请让我解释一下它的反面是什么。

以下就不是一个具有说服力的论据:

"别人一定不能挡住我的路"
"我会对挡在我前面的人很生气"

这是真的,我的确对挡在我前面的人很生气,可谓一语中的。但这句话没有告诉我的是,这些信念是如何影响我的生活的。要做到有说服力,它需要取自我的个人经历,因此我需要回忆过去发生的案例。你在制定自己的那份论据时也同样需要这么做。将过往汇总,筛选出合理以及不合理信念。

考虑到这一点,下面是一些有说服力的论据,它们能让我们对现状有更多了解。

别人一定不能挡住我的路

1. 出于这一信念,我还没有去任何地方,就已经把自己弄得很生气。我提前预料到那里会有拥挤的人群。如果有朋友邀请我去哪里,我首先想到的是"不要"。

2. 凭着这种信念,我祈祷上帝阻止任何妨碍到我的人,我真的会很无礼。

3. 因为这种信念,我哪儿都不想去,我牢牢限制自己。我不喜欢去音乐会或节日庆典,甚至去不了任何酒吧或俱乐部。不是因为我不喜欢，而是因为我知道这种地方必然人满为患、挨挨挤挤，有人会挡住我、妨碍我。正是出于这个原因，我上周某个晚上刚拒绝了一个聚会的邀请。

4. 拜此信念所赐，只要待在拥挤的环境里，几分钟内我就会怒发冲冠，在它的挟持下，愤怒的我嘟嘟囔囔、满口脏话、低声怒吼，让别人从我眼前滚开，甚至把他们一把推开。我上周六在牛津街地铁站就这么做了。

我更希望别人不要挡住我的路，但是没有理由说他们一定不能

1. 有了这个信念，我会在任何拥挤的环境下都更加冷静克制，这对我来说，对他人来说，对和我在一起的人来说都会更好。我可以更放松，而人们和我在一起时也会更轻松。

2. 凭借这个信念，我的社交生活会得到改善和提高，我可以去拥挤的酒吧、俱乐部和音乐会，不会再落荒而逃（上次有人试图劝我一起去酒吧时，我就这么做了），我可以去那些有趣的地方，享受属于我的美好夜晚。

3. 带着这个信念，我可以在高峰期出行。这种体验很特别，不用做任何心理准备，甚至不需要提前考虑，只要需要，我都能从容应对。

4. 在拥挤的环境中，我会更加信任自己，据我所知，我再也不会随时准备一脚把人踢开。

我希望你能看到的是，我的论据细节非常丰富，感情充沛，且包含着我的一些个人经历作为佐证。

同质疑一样,你可以针对已经明确下来的每一条合理及不合理的信念形成具有说服力的论据。关于不合理信念,你要质问这些信念为你带来了什么;而关于合理信念,你也要通过提问,深入探究它会为你带来些什么。

尽量为每个信念找出更多论据。你得到的含有个人经历细节的论据越多,你就越能说服自己。在这一练习实践结束后,你应该会注意到自己在思想、感觉和行为方式上发生了某种程度的改变。

实际上,你会在脑海中描绘出两幅画面:一幅是基于你目前不合理信念的生活场景(多为不太愉快的场景,你的情绪、行为和结果都有些失控);另一幅是,你心怀合理信念,过上了另一种属于你的生活(看起来更为愉悦,而你的情绪、行为和结果也更加合理),还有更重要的一点,你会意识到这幅画面既不是乌托邦式的,也并非不可企及。

西奥所建立的自己的论据是这样的:

当我告诉自己"我一定不能被他人评头论足"时,我得到了什么?

1. 出于这个信念,我几乎退出了所有聚会和曾受邀参加的社交活动。我找借口,我撒谎,就像我爽约了贝丝的聚会一样。我是想去,可到了最后关头,我还是做不到,只能失信于她。

2. 因为这个信念,我的大学经历非常孤独而痛苦。我的友情,既不深刻，也不长久。我羡慕那些和我同时考入大学的朋友，他们都发展了几段深厚又长久的友谊。

3. 这个信念给我目前的工作带来不少麻烦，也影响过我过去所有的工作。同事们有社交的习惯，但我却并不参与。我感觉渐渐地与大家产生了距离。上周五就发生了这么一件事：下班后，几乎所有人都一起去喝上一杯，而我却没有加入。

4. 这个信念也让我和贝丝的友谊产生了裂痕，她当时真的很生我的气。

当我告诉自己"如果他人对我评头论足就是糟糕至极"时，我得到了什么？

1. 心怀这个信念，我将鸡毛蒜皮的小事看作天大的大事。在进入一个房间前，我就已经揣测屋里的每个人都对我有看法，真的是想多了。

2. 我不光擅自假定了房间内每个人都会对我产生负面评价，而且也否认了任何人对我产生正面评价或并未对我进行评价的可能。

3. 这个信念还会束缚我的幽默感。我本来是很风趣的，可当我持有这样的信念时，当我和一群人在一起时，我的幽默感就消失了，我会变得沉默寡言、乏味无趣。

当我告诉自己"我忍受不了他人对我评头论足"时，我得到了什么？

1. 原因就在这儿，就是因为这个信念，我临阵逃脱，哪儿也去不了。这就是我为何总说"不"。因为我相信自己忍受不了,所以我尽力避免正常的社交互动。

2. 都是因为这个信念,我在进行社交活动(极少的)时,总是监视着自己的一举一动。我怀疑自己,所以不说也不动,以免遭到别人非议。这让我显得很假很做作,反而更容易被人指指点点。事实上,已经有人告诉过我,觉得我很难接触,或者很难了解。

3. 因为这个信念,如果别人真的对我有什么负面评价,或者我听到了什么风言风语,我就会备受打击。我之前就有过类似的惊慌失措的经历。大学的时候,如果看到一个我自认为讨厌我的人,我就会绕道而行,远远躲开。

如果他人对我指指点点,我就是失败者,是白痴。

1. 这种信念让我感到自卑,我会因为自己的无能,还有社交场合中表现出的笨拙,狠狠责备自己,而这反过来使我在社交场合下更加尴尬。

2. 在一些情况下,我甚至会迎合那些看扁我的意见。我一辈子都在做这样的事,整个中小学、大学还有工作中都是如此。

3. 我用这一信念来评价自己。在我给任何人评价我的机会之前,不管他们给出的是正面还是负面评价,我都先给自己下了评论。我丧失信心,缺乏安全感。我不确定女朋友对我是否真心,总是怀疑她究竟看上了我哪一点。

我希望不要被人评头论足，但也没有理由说我一定不能被人评论。

1. 这个信念减轻了我的心理压力。我会接受一个现实——人们互相评论，这种事情成天发生，稀松平常。当我将它视作一件普普通通的事，我就不必再躲躲藏藏。

2. 有了这个信念，我的一生都会完全不同——童年、校园、职场，无论何时何地。这个信念会塑造一个冷静、快乐的我，只要我相信它，现在开始也同样奏效。

3. 有了这个信念，我会参加所有我想参加的活动，拒绝我不想参加的活动。更重要的是，我不会因为害怕而拒绝，我说"不"只因我真的不想去，或者有了其他安排。如果有这个信念的话，我当时准会参加贝丝的聚会。

被他人评头论足是挺糟的，但不至于糟糕至极。

1. 这个信念让我能看透事情的本质。有了这个信念，我就能意识到并非人人都对我没好感，有些人喜欢我，有些人不喜欢，还有些人甚至根本没注意到我。现在就不会这么伤心了，对吧？

2. 有了这个信念，我就不会花很多时间去担忧或猜测别人的想法。我的思想将得到解放，可以镇定自如地保持冷静，心无旁骛地专注于其他事物，自由自在地放松自我、享受生活。

3. 有了这个信念，我就可以出去参加社交活动，因为我再也不用担心要去博得一个好印象。我不会再沉默寡言，被恐惧支配，我会尽量放松，而这个信念也会让别人见识到真正的我（据说我这个人还挺不错的）。

我觉得被别人评论有点难以接受，但我知道自己能够应对。

1. 这个信念给予我力量和自信。我可以抬头挺胸，走进任何一个房间、一家酒吧或一个俱乐部。我可以直视他人的目光。我一直希望能做到这一点。

2. 这个信念让我接受本来的自己。我就是一个不擅社交的人，因此我知道，自己不会成为房间里最自信的那个人，但重要的是，我可以进入这个房间了。

3. 我也会交到更多朋友。朋友们不会因为我而情绪低落，因为我不会再让他们失望了；朋友们会为我开心，因为他们也不希望我像之前那样封闭自己。我的家人也是如此。事实上，我的社交生活质量也会提高，因为大家知道可以邀请我参加他们的活动了，也相信我会到场。

即便被人评头论足，我也不是失败者和白痴，我是一个有价值也会犯错的普通人。

1. 有了这个信念，我会相信自己。别人可以随便怎么想，但他们的看法会基于真正的我，而不是那个焦虑无比、战战兢兢的我。

2. 有了这个信念，我再也不会蜷缩在家里，觉得自己很失败，我的周末会变得和以往极为不同。而如果我独自坐在家里，那也只是因为我想宅在家里而已。

3.有了这个信念，我会感觉更自由。不再自我怀疑，而是自由做自己。我甚至可能会带着些许兴奋期盼社交活动，而不是面对邀请时惶恐万分。我的未来充满可能性。下个月有个生日聚会，我真的会去参加。有了这个信念，我知道我可以的。

轮到你了

现在轮到你来建立属于自己的论据了，审视一下，你的不合理信念给你带来了什么，而你的合理信念又将为你带来什么。尽可能写得丰富一些、感情充沛一些、个性化一些。试着从自己的生活、经历和现在正在处理的心理问题中寻找一些真实案例。请记住，可以让你帮自己形成论据的好问题是：

★ 如果持有这个信念的话，我能得到些什么？
★ 如果持有这个信念的话，我会如何思考、感受和表现？
★ 这个信念会导致我做哪些事？
★ 这个信念会阻止我做哪些事？
★ 这个信念是如何影响我的？
★ 这个信念是如何影响他人的？
★ 通过这种信念我会得到什么结果，我是否喜欢那些结果？

试着为你的信念找出尽可能多的论据，你形成的论据越多，就越能说服自己。但是,不要一直仅抱着这一个目的进行下去。此练习的目的不是为了提出论据而提出论据,而是为了针对你正在解决的问题来有效改变你的思维模式和行为方式。

使用电子书阅读器和平板电脑阅读本书的朋友,以及不喜欢在书上写写画画的读者,现在该拿起你们的笔记本和笔了。其他读者,请写在这儿:

我的僵化教条的绝对需求是:

_____

_____

它给我带来:

_____

_____

我的"戏剧化夸大事实"信念是:

_____

_____

它给我带来:

_____

_____

我的"低耐挫力"信念是:
_____
_____

它给我带来:
_____
_____

我的"贬低自我、他人以及全世界"信念是:
_____
_____

它给我带来:
_____
_____

我的"可以灵活变通的选择"理念是:
_____
_____

它为我带来:
_____
_____

我的"反糟糕化的洞察力"信念是:
_____
_____

它为我带来:
_____
_____

我的"高耐挫力"信念是:
_____
_____

它给我带来:
_____
_____

我的"无条件接纳"信念是:
_____
_____

它给我带来:
_____
_____

第四周要做的事

★ 在本周内,通读几遍你的有力论据,进行反思,并尝试将其应用于你已经列出的具体问题上。你需要注意这些论据给你带来了哪些影响,并将其记录下来。

★ 记录下你在这一方面取得的成效和遇到的疑虑。例如,注意到自己有哪些进步,但也要明确在进行过程中出现了何种阻力。如果事情不像你想象中的那样顺利,你也不要责怪自己。这里没有失败,只有学习和了解的机会。

在你下周开始阅读第五周这一章之前,回答下列反思性问题:

需要反思的问题

★ 本章的内容是什么?你是如何应用它的?

★ 你能将"有说服力的论据"与你生活中其他任何方面联系起来吗?你这样尝试过吗?如果有的话,效果如何?

★ 在阅读本章时,你有没有情绪上的好转?如果有的话,程度如何?你注意到自己的心情和/或行为有何变化?

13. 第五周：重复，重复，重复

> 重复的行为造就了我们。因此，优秀不是一个举动，而是一种习惯。
>
> ——威尔·杜兰特

在理性情绪行为疗法"工具箱"里，有两个工具可以帮你挑战不合理信念，巩固合理信念，即"质疑"和"有说服力的论据"。很难说这两种方法迄今为止帮到你多少，结果主要是因人而异。有些人可能会尝试面对生活中的挑战，而有些人则不会；有些人可能已经对正在解决的心理问题产生了非常不同的感受，而有些人或许只感觉到了些许轻微的变化。这种情况很好解释——这完全取决于你此刻对合理信念的信任度，取决于你对它们抱有多少信念。

因此，这个问题很重要：如果为你现在对合理信念的信任度设定一个百分比，这个百分比是多少？我说的不是你对它们理解到什么程度（在你脑海中的理性认识）；我的意思是，目前你到底对它们有多信任（你情感上的感性认识）？如果此刻你将要面对一件困扰你的事情，用百分比来衡量的话，你对合理信念的信任度是多少？请将它写下来：

我对合理信念的信任度是：＿＿＿%

你写下的数字是多少？是不是 10% 或 20%？有没有更高一些？是不是差不多 50%，或者再高点儿，70%？比数字本身更重要的是，这个数值究竟告诉了我们什么？这一数值让我们清楚了自己目前所处的阶段，接下来需要做什么。

如果你只达到了 10%—20% 的信任度，那么我们仍然有一段路要走，直到你被自己的合理信念充分说服并付诸行动。如果你的信任度是 50%，那么你现在就像是坐在栅栏上，一条腿悬在花园内，而另一条腿则还在花园外晃来晃去，为了让你准备好将双脚牢牢植根于你的理性花园，你还需要做出一些努力。

如果你的信任度更高，比如说 60% 或 70%，那你快要成功了，你几乎马上可以去面对你的困扰，用一种全新的方式来处理你的"诱发事件"。你也许已经开始与它正面交战了——如果是这样的话，干得漂亮！

这一数值表示了你对合理、理性信念的怀疑和反对程度。所以，如果你的信任度是 20%，那么在 80% 的情况下你仍会说"没错，但是……"以及"但是，如果……"，你还需要来处理一下那些反对的声音；如果你的信任度是 50%，那么你只有在 50% 的情况下会说出"是的，但是……"，你仍然需要去做一些事情来处理这些反对声音。

不过，如果你的信任度已经接近70%的水平，那么你就离成功不远了，可能只剩下一两个疑惑需要解决。

无论你的信任程度目前处于何种水平，无论你的心中有多少反对的声音，我们都将协助你来处理这些疑惑。我们会通过所谓的"理性－非理性对话"（RID）来应对这些问题。

但是，在继续下一节内容之前，我需要指出一个非常显著的问题：你是无法达到100%的。如果你将自己的信任度定为100%，那就是在自欺欺人。但是，这又是怎么回事呢？

100%的信任度是不现实的。如果达到100%，你将成为一个空想主义者，而这并不能让你成为真正的自己。这一练习的目的是强化你的合理信念，将你的认可度达到75%或以上，但不是100%。如果数字低于75%，你就仍有疑问和异议需要得到梳理和解决。但如果你将目标定为100%，也就是不存在任何疑虑，这就意味着健康的负面情绪没有了表达的余地。那么在这种情况下，你要么满不在乎，要么变得心生厌倦、玩世不恭。从治疗的角度来看，这些对你来说都不理想。

理性－非理性对话

你和自己交谈吗？或者在与他人进行争辩和一场艰难对话之前先跟自己演练一番，作为某种"排练"，以确保在"实战"时有充足的准备和底气？在做出决定之前，你会与自己讨论此事、衡量利弊吗？我敢说你一定会这么做的。

在某种程度上，我们都会以这样或那样的方式自言自语。这是人类的一种本能，我们全都具备。现在呢，我们要具体而明确地使用这种能力，来达到一个特定的目的。

有些人会在脑海里跟自己进行愉快而无声的谈话。而有些人，有时候，会把谈话内容念叨出来，甚至非常大声。不幸的是，我属于后者。已经记不起有多少次，我在想事儿的时候自言自语起来，引起了别人的注意，甚至还有人投来关切的目光。多年来，我不得不与这一习惯和睦相处。在遛狗的时候，经常有人看到我在喃喃自语，将思考决定、生活选择，还有棘手的问题大声地说出来，其中还包括我正在撰写的某本书里的大部分内容。但是，我不介意别人的眼光，因为我多多少少已经掌握了些许"无条件自我接纳"的艺术。无论在我的人生图谱中，我给这项打钩或打叉，都无关紧要了。[1]

重点是我们都会自言自语。在接下来的一项练习中，我们将利用这种能力让你对自己的合理信念更为信任。

西奥在当下阶段对他自己的合理信念只持有 30% 左右的信任度。这意味着还有 70% 的部分对他来说依然存疑。他感觉在面对

---

[1] 另外，现在颇为流行的是，很多人在户外用耳机打电话，所以不管我的手机是否在手，我都把耳机塞上，然后钻进拥挤的人群，希望别人以为我是在和其他什么人通电话。

别人的评论时自己的情绪发生了些许进步，但这些改变还不足以帮他以足够冷静、自制、勇敢的姿态去面对所有情况。如果在这种情况下，我让他把参加聚会当作一项治疗任务来完成，恐怕他很可能又会躲起来。

首先，你将会读到西奥的"理性–非理性对话"，然后，你也要自己尝试一下，在本章的空白处练习；如果不愿意弄脏书页（或者你是用阅读器阅读电子书）的话，你可以在事先准备的笔记本或纸上进行练习。

西奥的"理性–非理性对话"

理性

我希望不要被人评头论足，但是没有理由说我一定不能被人评论。被他人评头论足是挺糟的，但不至于糟糕至极。我觉得被人评头论足有点难以接受，但我知道自己能够应对。即便被人评头论足，我也不是失败者和白痴，我是一个既有价值又会犯错的普通人。

我对此的信任度是 30%。

非理性

好吧，合理信念在理论上听起来不错，但在现实中又是另一回事。纸上谈兵总是有道理的，但如果我真的走进一个房间、酒吧，参加一场聚会，到处都是人，那么绝不能让别人对我指指点点，我必须给人留下好印象，这真的非常重要。

理性

那好，这里出现了两个"绝对需求"！这么想对自己毫无帮助，不是吗？没有哪条规定说，人们一定不能评论你，而且你也不能保证给人留下的都是好印象。这会儿，你连面都没露，所以你根本没给大家留下任何印象。是的，留下好印象是挺不错的，如果大家喜欢你的话也很好。但是这些事情不是一定会发生的。更重要的是，如果你用这种方式看待问题，受到邀约的话你就会欣然前往。

13. 第五周：重复，重复，重复

非理性

但是，这种期待已经存在了。如果我出去社交，大家已经对我的窘况有所了解了，所以给人留下好印象就更重要了。我要好好表现，不能让人们在我还没进入房间之前就根据我以前的表现来评论我。还没进去之前，我就已经搞砸了，每个人都会盯着我看的。

理性

糟糕！有人会对你上下打量！（真是的！）你说得对，这件事很重要，但它不是重点，也不是生活的全部。显然，"你必须表现得让别人无可挑剔"不是真的，即使你拼尽全力也未必能避免产生不好的印象。如果怀有这样一个"绝对需求"，你就把自己置身于压力之下，压力出现后，你就更难在众人面前博得一个好印象了。但如果你能接受自己不是必须给人留下好印象的话（即便你想要），你就会卸掉包袱，让自己的表现更加自然真实。

非理性

但是,这些年来,我一直不是自然真实的自我,我很失败,我什么都没有。

理性

你看,这里不是学校。通常,酒吧里挤满了只想寻开心的人,或者聚会上到处是你已经认识的人。没人想要欺负你,但即使他们这么做了,也不是糟糕至极。学校生活也不是完全糟糕的,你也有过不少美好时光。因为不出去社交,你错过了多少好事情,这一点比你有可能面对评论或批评更糟糕。如果你坚持那些不合理信念,那你将会做些什么?余生都待在家里吗?如果你接受评价的存在,接受其中一些评价是负面的,接受并不是每个人都必须喜欢你,接受有人不喜欢你也不是世界末日,你可能不会感到自信爆棚,但是你会有足够自信去参加更多的社交活动,这才是你的真正目的,不是吗?

13. 第五周：重复，重复，重复

非理性

但是，如果别人觉得我很失败，因为我看起来很紧张，那该怎么办？如果别人这么认为，那我就是他们想的那样。

理性

紧张是一码事，焦虑是另一码事。有点儿紧张完全没问题，大多数人在走进一个房间时都会有点儿紧张，但他们很快就放松下来了，你也是。你并不真的清楚别人是怎么看你的。但是，你知道吗，即使有人觉得你很失败，即使他们真的当面出言不逊，这样的负面评价也不会让你挂掉。你不喜欢别人对你评头论足，你觉得不舒服，但谁不是这样的呢？但是，你不会因为别人觉得你很失败，就倒下或死掉。你能扛住别人的负面评价。更重要的是，你可以不同意他们的观点，你可以让他们滚开，或者直接无视他们的存在。另外，你也和很多你觉得不怎么样的人说过话，也没对他们提过你对他们的评价。你觉得，如果发现你对他们的负面评价，他们真的会在意吗？这会有什么不同吗？你为什么要计较那些你不怎么认识的人喜不喜欢你呢？

225

非理性

这么想的话,我觉得我已经不会再说"是的,但是……"这样的话了。我想不出任何反对之词了。我可能还是会说"不应该"和"糟糕至极"之类的话,但是这些话听起来没那么令人信服了。

理性

太好了,我们再来看看你的合理信念:"我希望不要被人评头论足,但是没有理由说我一定不能被人评论。被他人评头论足是挺糟的,但不至于糟糕至极。我觉得被人评头论足有点难以接受,但我知道自己能够应对。即便被人评头论足,我也不是失败者和白痴,我是一个既有价值又会犯错的普通人。"你现在对此的信任度多少?
我对此的信任度是 80%。

需要深思的几点

阅读完上述"理性－非理性对话"后，希望你已经有所领悟。

首先，整个对话都是以理性情绪行为疗法的语言方式进行。在每个非理性的反对声音的背后，都隐藏着一种不合理信念：无论是"反对意见绝不能发生""糟糕至极""无法忍受"，还是"这在某种程度上意味着你是失败的"。这样你就可以在"理性"的声音中支持相对应的合理信念。

西奥也用到了一些"认知行为疗法"中的方法。他使用了"质疑"这一方法，他要么挑战了反对观点及其相关信念的真实性（是真的吗？），要么检测其逻辑性（合理吗？），要么指出其作用（对我有帮助吗？）。他还论证了反对观点及其相关信念能实现些什么（他甚至还说了一点儿粗话来使他的论据更为有力——这种方法稍后还会用到）。

从本质上来说，你在进行"理性－非理性对话"时，都在使用已学到的所有知识来增强对合理信念的信任度。

在某些书中，这种"理性－非理性对话"也被称为"之字形对话"，因为对话的理性一方位于页面的左侧，而对话的非理性一方位于页面的右侧——箭头从对话的一侧指向另一侧，从左到右，从右到左，以"之字形"方式在页面中上下移动，直到你得出结论。就像这样：

理性

　　我希望别人不要挡住我的路，但是没有理由说他们一定不能。如果他们挡在我前面，情况不妙，但不至于糟糕至极。如果他们挡在了我的前面，我会觉得有点儿难以应对，但我知道自己忍受得了；就算他们挡在了我前面，他们也不是蠢货，而是既有价值又会犯错的普通人。

我对此的信任度：20%

非理性

　　你在跟我开玩笑吗？我的意思是，看到前面要走的路得有多么困难？你怎么会看不到自己就要撞到一个人身上呢？你怎么会看不到自己挡在人来人往的商场门口呢？这种人就是令人无法容忍的蠢货，很多人都是。

理性

　　这有点儿太刻薄了，不是吗？难怪你要气炸了。这种事不是无法容忍的。你不会仅仅因为有人撞到了你就会死掉或原地爆炸，你可以幸免于难。还有，他们不是蠢货，而是既有价值又会犯错的普通人，也在尽全力去面对拥挤的环境，就像你一样。

如果你读过其他有关理性情绪行为疗法的书,以上提到的"之字形对话"有时也被称作"攻防练习":对话的理性一方不称作"理性",而是称为"防守";不理性的一方不称作"非理性",而是称为"进攻"。[1]

无论这种练习有何种名称,你在实践时,都不要以为只要解决掉了一个反对意见就万事大吉了。因为这些反对的声音往往不会立马消失,它们总会先阴魂不散地徘徊一阵子。

我相信大家都跟孩子有过这种对话:他们向你提问,或者反对什么事,你会给他们一个非常全面而合理的回答,他们顿了顿,试图理解你刚才讲的内容,然后又问道:"但是为什么呢?"

你叹了口气,然后又给他们找了一个合理的解释。可是,他们又一次问道:"但是为什么呢?"然后一遍又一遍,直到你放弃回答,直接吼了回去:"因为我已经说过了,就是这样,这就是为什么!"

你的反对观点会和这些小孩子很像。你准备好了一个非常合理而全面的理性答复,但你的反对观点丝毫不为所动,以几乎一致或略微不同的方式说着同样的事情。它仍然会问:"但是为什么呢?"你将不得不再次对它讲明道理,直到问题解决了或者你失去耐心吼道:"因为我已经说过了,这就是为什么!"

---

[1] 近年来,有很多人将其称作"是的,但是……不是,但是……"练习,"是的,但是……"代表的是理性一方,而"不是,但是……"代表着非理性一方。

如何构建一个理性－非理性对话

1. 写下"理性"一词，然后另起一行，写下你的全部合理信念。

2. 在你的合理信念下面写一个评估比例，即你对你的合理信念的信任度，然后向下画一个小箭头。

3. 接下来，写下"非理性"一词，然后写下你对合理信念的第一个反对观点——你的第一个疑问，第一个"是的，但是……"。然后写下那些疑问背后的信念。之后，再向下画一个小箭头。

4. 再一次写下"理性"一词，表示自己回到了对话的理性一方，接着用"认知行为疗法"语言、你的合理信念、"质疑"和"说服"工具让你接下来的反驳更加合理。然后向下画一个小箭头。

5. 现在，写下"非理性"一词，附上另一个反对观点，再将你认为这个观点背后隐藏的不合理信念写下来。

6. 按这个方法继续，从理性一方到非理性一方，从疑问和反驳到对其理性而有力的回应。

7. 继续下去。作出回应时，保持态度亲切。记录下自己所有的疑问和反驳，并通过你从理性情绪行为疗法中学到的知识，对其进行理性反思。记录下当你持有一个不合理观点时的所思、所想和所为，以及当你在理性信念支配下的所思、所想和所为。一直这样写下去，直到你写完所有疑问和反对观点。

8. 不要觉得只写完一张 A4 纸或者只写满了本书中的一页纸就够了。你可能需要用到一页、两页、三页或者更多页纸。在记录的过程中，尝试给出详尽而全面的论据和对话。[1]

9. 在结尾处，你的对话要回到合理信念一方，最后，再次评价你对合理信念的信任度，给出一个百分比。这么做的目的是，随着对话的进展，你开始赞同自己的合理观点，不断驳斥不合理信念，有理有据地表达合理信念，从始至终持续对其进行强化。

10. 反反复复进行此项练习，在头脑中默念或大声说出来，利用一些使用过的基本论据，在适当情况下控制自己的想法、感情和表现。

11. 我希望上述内容对你有所帮助，是时候拿起你的纸笔了。

"但是，"我仿佛听到你在喊，"要写这么多东西呢！我已经写得够多了。我需要停下来休息休息。"

对此，我的建议是"泰迪熊"。

和毛绒玩具说话

我参加过的每个课程都要求我练习、练习、练习——就像你在本章中被要求的那样——不仅要习惯使用理性情绪行为疗法中

---

[1] 有一位患者的"对话"记录是我收到过的最详尽的一份，真的让人叹为观止：洋洋洒洒48页，其中不乏合理的回应，亲朋好友的意见，插图照片，诗词歌赋，插科打诨，旁征博引，妙趣横生。但是，请你不要害怕，因为你的记录不必如此详尽。

的工具，还要有效改变自己的想法。

学生时期，我并不总是一个人进行练习的。这么多年来，已经记不清有多少次，在我学习和练习过程中，我把一只泰迪熊放在椅子上，要么催眠它（不仅练习如何使用各种方法和手段对人进行催眠，还练习了如何处理各种症状和情绪问题），要么用它练习"质疑"，或者演练有力论据，抑或进行"理性－非理性对话"。[1]

如果你有一只泰迪熊玩具，或者其他可以派上用场的毛绒玩具、洋娃娃或别的东西，把它放在椅子上，然后和它说话。显然，你需要充当对话的正反两方，你或许想为对话的不合理一方采用略有不同的语气，甚至用一种听上去有些愚蠢的声音。很多人都已经尝试过这种方式，效果甚佳。这种方法实际上没有听起来的那么傻，而且可能利于情绪宣泄。

但是，如果你不喜欢和泰迪熊说话，或者你担心有人会突然闯进来，那还有一个办法，你的手机里总有录音功能吧，你也许已经在"质疑"练习或建立有力论据时使用过这一功能了。

使用手机录音功能的好处在于，一旦你进行了"理性－非理性对话"，便可以随意多次播放，真正将这段对话铭记于心，进而增加你对合理信念的信任度。另外，你还可以在表达对话的不合理一方时稍微改变一下嗓音；而为了加强对话效果，你还可以在此过程中利用双脚的位置，用左脚表示对话的理性一方，右脚表

---

[1] 哦，都是些熊会告诉你的事儿。可怜的泰迪。

示对话的非理性一方。

记住你的信任度百分比。如果练习结束时，你的信任度只有，比方说 65%，那你仍有疑问需要得到梳理。但是，如果你的比例在 70% 或 80% 左右，那就说明你的练习任务圆满完成了。

你的信任度不可能达到 100%，因为这既不现实也太理想化。低于 100% 但高于 70% 都意味着你已经准备就绪。现在你该将所写和 / 或所谈的内容付诸实践了。

REBT（理性情绪行为疗法）中的 B 代表"行为"（Behaviour）

当你对合理信念的信任度足够高时，就需要开始按照这些信念来行事。你需要将其付诸实践。如果不这样做，那么到目前为止，你所写的一切还都是理论上的，并且一直是纸上谈兵。现在，你的任务要从"写"转向"做"。

例如，当我带着合理信念——"我希望别人不要挡住我的路，但是没有理由说他们一定不能；别人挡在我前面是不好，但不至于糟糕至极；我觉得别人挡我的路这种情况很令人不快，但我知道自己忍受得住；而且挡我路的人也不是彻头彻尾的傻瓜，他们是既有价值又会犯错的普通人"，而且对它的信任度达到 85% 的时候，我就准备回到拥挤的空间进行实践练习。不是偶尔，而是一遍又一遍地重复：直到我感觉到自己的情绪有所转变，直到我感觉到对实际情况和自我都有所掌控。

因此，我尽可能地将自己置身于人潮人海中：高峰时期的公共交通工具及火车站台上,周末的购物中心里,火爆的酒吧和夜店,凡是你能说出的地方都是我的实践场所。我随时随地对自己进行测试,直到能够放心地说,无论前提如何,我在拥挤的地方只是感到沮丧,而不是愤怒。

同时,西奥也具备了信任度达到80%的合理信念,他知道这些能帮他达到自己的目标,他也必须尽可能频繁地出去社交。他默念着自己的合理信念,并在需要时回想之前所进行的练习的内容,直到像我一样,在任何条件下,他都可以放心地说,他在社交时会紧张,但不再焦虑。而且,我提到了"在需要时回想之前所进行的练习的内容",因为有时候这就是你需要做的,也是练习的意义所在。

多年以来,我的患者都将自己所做的练习存在手机或平板电脑中随身携带。如果你觉得有需要,如果你觉得"困扰"又试图卷土重来,你可以随时随地抽空回顾之前做过的练习,让自己重回正轨。(很多人都这么做过,并且日后也会如此)

你在阅读本书时试图解决什么问题?你又要如何来验收这些成果呢?

例如,如果你正在处理的问题是"狗狗恐惧症",你就需要尽可能多和狗狗接触;如果您对前途感到忧虑,过着与世隔绝的生活,那么现在你要尽可能多地积极投入生活;如果像我一样,你遇到的是愤怒管理问题,那么你就需要反复将自己置于会让你暴跳如雷的人和事面前进行试炼;如果像西奥一样,你也有社交焦虑症,那么在接下来的几周和几个月中,你要让自己成为流连各种社交场合的"社交达人",甚至可以仅凭想象进行几次社交演练。

在理性情绪行为疗法和其他认知行为疗法中,你被交代的或你给自己布置的任何行为实践任务,都可以在"现实情景"中或"理念情景"中完成。

将自己置于一个"现实"情景之下的意思是在实际生活中进行实践。比如说,我主动走进拥挤繁华的购物中心,西奥主动去参加一个聚会,等等。而"理念"情景的意思是,你需要做同样的事,只不过仅凭自己的想象力即可。比如说,我坐在一把椅子上,闭上眼,想象自己身处拥挤的地方,想象人们撞到我身上并绊倒我,同时默念我的合理信念,并按照这些信念进行思考、感觉和行事。对西奥来说也是一样,坐在椅子上,闭上眼,想象自己在一个聚会上遭遇到一些负面评价,这时他默念自己的合理信念,并按照这些信念进行思考、感觉和行事。这是一种神奇而有效的实践方式。

一些人希望直接在现实生活中进行练习,而有些人则喜欢先在自己的想象中演练一番。

如果你从"理念"情景开始练习,就必须在某一时刻将其移到"现实"中进行实践,而使用这两种方法时,重复是关键。如果实际情况并没有像计划中那样进展顺利,不要担心,这也是之前所有练习任务的意义所在。充分利用这些练习,一旦需要就随时随地拿出来复习,进而控制你的情绪和行为。

如果你的行为实践任务进展顺利,就请记录下来。如果你做得不错，但还达不到你想要的程度，也请记录下来。更重要的是，如果你又重蹈覆辙，感到焦虑、抑郁或愤怒，请记录下你当时说了些什么，让自己又一次陷入那种情绪之中，然后将其添加到"理性－非理性对话"中。处理这些不合理观点，对其进行理性分析，然后再次重复实践任务。

重点是要坚持不懈地重复。你重复合理信念的次数越多，按照合理信念采取的行动就越多，那么你就越容易养成合理思考、感觉和行事的习惯，开始塑造一个全新的自我，健康而理性的自我。因此，本章的标题是"重复，重复，重复"。（如果有任何《神秘博士》的粉丝在读这本书，你可以以戴立克[1]说话的方式来读出本章的题目。相信我，很多人都这么做了。）

第五周要做的事

★ 构建你的"理性－非理性对话"（可在下方空白处填写），尽可能地提高你对合理信念的信任度。通读对话，多次练习。

★ 如果觉得自己已经准备就绪，尽可能多地进行行为实践练习，可以在想象中或在真实情景中练习，抑或两种方法都采用。

★ 记录下你成功的实践，差点成功的实践以及失败的实践

---

[1] 戴立克（Dalek），英国著名科幻连续剧《神秘博士》中的反派机器人角色，目的是征服整个宇宙，并抹杀所有"劣等种族"，影射现实历史中的纳粹德国。戴立克后来常被用于形容思想僵化、墨守成规的权威人士。——译注

（如果有的话）。如果确实遇到问题，请记录下自己当时说了什么，以致你回到了原先的行为模式，然后将这些话记录在"理性－非理性对话"中。

★ 持续练习。

在你开始阅读"第六周"这一章之前，回答下列反思性问题：

需要反思的问题

★ 本章的内容是什么？你是如何应用它的？

★ 你尝试了什么样的行为实践任务？你对自己的进展满意吗？如果不如你想象中的满意的话，你觉得是什么在妨碍你的进步？

★ 在阅读了本章以后，当你通过本章介绍的方式挑战自己的信念时，将其付诸实践时，以及在过去一周内反思这些信念有可能与哪些其他方面相关时，你有没有任何见解或"顿悟"时刻？

你的"理性－非理性对话"

你的行为实践任务是:

……在"现实"情景进行	……在"理念"情景进行

14. 第六周：给"失控"加点儿"料"

> 我的人生使命不仅在于生存，还在于生活；活着的同时还要带点儿热情，有些同情心、幽默感和格调。
>
> ——玛雅·安杰卢

到目前为止，你已经完成了很多任务，感觉如何？你感觉离实现目标还有多远？我希望你已经感觉到胜利在望，或者更好的结果是，几乎已经快要到达彼岸了。

你想不想让我助你一臂之力？你想？不错，那就请听好。

我先前提到过，在1982年的一次针对美国和加拿大心理学家进行的专业调查中，阿尔伯特·艾利斯在历史上最具影响力的心理治疗师中排名第二，弗洛伊德排名第三。

排名第一的人是美国心理学家卡尔·罗杰斯，人本主义（或以患者为中心的）治疗方法之父。他得到过诸多赞誉，工作成就斐然，其中有一项重要成绩即所谓的"核心条件"。这些是一名心理咨询师或治疗师必须拥有或需要能够展示出来的能力，以便更好地帮助其诊疗室中的患者们。

同理心、坦诚相待和无条件积极关注,这三个"核心条件"不仅被人本主义治疗师广泛接纳,而且几乎被所有治疗师所接受,无论其学科或背景如何。

"同理心"的意思是,从患者的角度出发去理解事物(也可以说是感同身受)。"坦诚相待"的意思是,诚恳而真实(以此来建立信任和融洽关系)。最后一点是"无条件积极关注",这种能力可以让患者说出他们认为需要吐露的任何内容,而不必担心受到非议或批评(如果想要赢得患者的信任,向你倾吐心中埋藏最深、最黑暗的秘密,这一点非常重要)。

罗杰斯认为,这些"核心条件"都是"充分且必要条件"。他的意思是,这些条件需要全部达成,治疗才有疗效(必要条件);同时,如果"核心条件"已到位,治疗疗效就会发生(充分条件)。

但是,阿尔伯特·艾利斯并不认同这一观点。他认为,这些条件既不必要也不充分。尽管他相信如果"核心条件"就位,产生疗效的可能性更大;但他也认定,即使这些条件没有完全到位,疗效也可能会发生。而且,艾利斯本人的从业经历似乎也能佐证这一点,他的性情严厉,待人并不十分热情温和,可他仍旧是一位非常成功的治疗师。

他还给"核心条件"加上了第四点,即"幽默感"。

艾利斯说,心理问题的部分原因不是患者不把他们自己、其他人或纷繁世情当回事,而在于他们太当回事了。他认为,如果可以帮助他们减轻压力，甚至嘲弄他们的信念及其带来的困扰，那么你可以在更大程度上帮助他们做出改变。

"为什么不用一些欢快的笑话来点醒这些家伙呢？"他说，"或者用机锋妙语为他们拨云见日。"[1]

为此，他把笑话、双关语、讽刺、俚语、戏谑，甚至一些污言秽语等引入诊疗室。他没有直接攻击患者，也不以任何方式批评他们，而是奚落、贬低和嘲笑他们的不合理信念和因此产生的疯狂想法。

我的硕士论文中就涉及"幽默感"在心理治疗中的使用。我也非常喜欢让人们自嘲他们头脑中的某些想法。这篇论文已经发表在期刊上了，一定会有人觉得很有趣的。

"笑"被称为最佳良药，举世无双，益处良多且得到了充分证明：笑声会触发健康的生理变化；幽默和笑声可以强化你的免疫系统，增加精力，减轻疼痛，并保护你免受压力的侵扰；笑还可以起到保护心脏的作用，触发内啡肽（人体分泌的化学物质，给人带来自然愉悦感）的释放。从心理上讲，笑可以提高健康水平，减轻压力，调解情绪，增强人的适应能力并改善人际关系，能够真正帮你保持情绪上的健康状态。

研究表明，"笑"可以消除痛苦情绪（笑的时候很难感受到焦虑或沮丧）。它可以帮你放松和恢复精神，改变你看问题的角度，因此，你能以更真实而豁达的视角来看待逆境和困难。它还可以

---

[1] 这也许表明了阿尔伯特并不像他自己想的那样有趣。

建立起你和困难之间的心理距离，给你留下缓冲的余地。幽默和有趣的沟通可以激发积极情绪并建立情感联系，从而加强人与人之间的关系。

这么看来，有谁不愿意将一些有趣的东西带入生活呢？为此，你将在这一章中肆无忌惮地宣泄，随心所欲地歌唱，大声喊出自己所钟爱的影片里的经典台词。这么做不是纯粹为了发泄情绪（尽管那也很有意思），更是希望你的思维、感觉和行为方式能有所改变。

想要从一种思维方式转变为另一种，有一个很好的方法：不仅要质疑你的信念，还要大力地、反复地去质疑它们。用尽全力向不合理信念大声叫嚷（喊出声来或在脑海中呼喊）也会很有帮助。

还有，破口大骂也会让你的据理力争如虎添翼。

去跟你的不合理信念认真地说，让它们赶紧滚蛋。本书书名就带有强烈的情绪色彩。[1]许多研究都肯定了在多种情况下"咒骂"的作用：一点儿咒骂可以帮你应对逆境，更快地拉近人与人之间的距离，对抗困难和严峻的形势，而且重要的是，咒骂可以强化论据的说服力。

北伊利诺伊大学的研究人员进行过一项实验，研究了脏话对话语说服力的影响。他们邀请与会者听了同样内容三种版本的演

---

[1] 此处指的是本书英文原版的书名 The Four Thoughts That F*ck You up...And How to Fix Them: Rewrite How You Think in six weeks with REBT.

讲。一个是在演讲的开头出现该死一词，另一个版本在结尾出现了该词，而最后一个根本没有出现。结果表明，在讲话开始或结束时的脏话不仅显著增强了讲话内容的说服力，而且还提高了听众对演讲者的感知强度。[1]

同时，基尔大学的理查德·史蒂芬斯教授多年来已经广泛测试了脏话的效用。他和他的团队发现，说脏话的人比不说脏话的人能够忍受把手放在冷水中的时间更长。而在一项无氧运动的实验中，受试者骑上原地固定的自行车，研究人员发现，嘴上骂骂咧咧的人比那些不说脏话的人运动时产生了更多的做功功率和更大的握力。他们甚至发现，喜欢小题大做的人（即戏剧化夸大事实）更能够忍受疼痛的侵袭，即使当他们脏话连连时也是如此。

咒骂是一种获取控制力的好方法，不仅可以控制自己的痛苦和压力，还可以控制自己的情绪。因此，简而言之，如果你想提高论据的力度，或者想要在紧要关头更充分地发挥出合理信念的能量，那就不要害怕说几句脏话。

事实上，如果你会说点脏话，这也将成为你本周实践任务中的一部分。

研究表明，会说脏话的人（只要脏话是他们总体词汇量的一部分）会更健康，更快乐，也更加真实。

---

[1] 这条应该是本书唯一的一条学术性参考文献：Cory R. Scherer and Brad J. Sagarin (2006) 'Indecent influence: The positive effects of obscenity on persuasion', Social Influence, 1:2, 138–146。

不过，脏话对理性情绪行为疗法的影响如何？

假设一个人对药物上瘾，作为一个不合理信念，"上瘾"很容易理解（你成瘾的原因可能要复杂得多，个中因由可能是各种各样的），大脑里有个声音一直在期盼，期待下一次遇到让它如此快乐的东西。你的大脑在运转，"我必须得到它，给我，给我，快给我！一分钟都忍不了。"这是非常响亮而强烈的心声，同时给了你强烈的动机去服用某种药物。

而面对同样的情况，健康、理性而有益的心声则是："我想要拥有某样东西，但我不是非得到它不可；拒绝我的心头肉实在困难，但我知道自己忍得住。"

你是否认为这样做就足以消除你的欲望，让你避开那些已经上瘾的东西？假如你对自己的信念质疑得足够激烈，重复的次数足够多，或许可以。但是，你像这样来表述自己的合理信念怎么样：

"没错，我的确想要某样东西，但是这破玩意儿也不是非要不可呀；拒绝是挺难的，但我就算得不到也不会嗝屁呀！"

这段表述的语言感染力更强，不是吗？现在，大声把它说出来，能有多大声就多大声。感觉怎么样？你有没有觉得满脑子都是"真在理！"

这就对了嘛！

例如，西奥平时就喜欢在说话时夹带一些脏字。希望你现在已经对他的合理信念非常熟悉了。当他把一些有力的话语（也就是咒骂）加到自己的合理信念中，听起来会是这样的：

"我不希望别人在我背后说三道四，但是别人的所作所为我可管不了，爱谁谁；被人在背地里议论当然不好，但也算不上啥最糟心的事儿；我真烦别人对我指指点点的，而且谁说我一定得喜欢了，但就这点破事儿也搞不死我；我可啥事儿都没有，好得很呢！"

还有其他几种生动的方法可以让你的信念更为有力，比如歌词、电影台词、你最喜欢的电影场景或书中的章节。还有，你甚至可以用一些粗话来为以上这些内容增加效果。

我的一位患者对冰毒上瘾。一不小心，这种毒品就会将你套得死死的。他的不合理信念和上文的陈述大致相同，另外，他还有自我贬低的问题（我太没用了，因为我想吸毒），我试着帮他树立"自我接纳"信念（我并不懦弱，即便我想得到那些东西；我是一个既有价值又会犯错的普通人）。这些虽然有帮助，但还不足以让他摒弃恶习。

我的患者是一名"魔戒迷"（一般是指托尔金[1]的粉丝，尤其是《魔戒》三部曲的粉丝）。我来为那些不知道《魔戒》的读者们简单介绍一下故事情节：有一个非常坏的巫师索伦，他为自己锻造了一枚力量强大的戒指，增强了他的邪恶魔力。他以礼物和友谊为借口，也为精灵、矮人和国王们制造了几枚戒指。索伦没有

---

[1] 约翰·罗纳德·鲁埃尔·托尔金（John Ronald Reuel Tolkien，常缩写为 J.R.R. Tolkien，1892—1973），英国作家、诗人、语言学家及大学教授，以创作经典古典奇幻作品《霍比特人》《魔戒》与《精灵宝钻》而闻名于世。——译注

告诉他们的是，这些戒指其实都被他手中的至尊魔戒统领，受其召唤。精灵和矮人看了看戒指说了句"什么玩意儿"，就离开了。但是，九个人类国王却说："哇，好漂亮呀，多谢。"然后就把戒指戴上了。国王们很快就堕落了，成为"戒灵"。他们变作鬼魂，只是昔日自我的影子，成了至尊魔戒及其主人的奴隶。

我的患者在第一次接受治疗时就用这几个词来描述自己：戒灵，鬼魂，影子和毒品的奴隶。在酒吧或聚会中，周围所有人都充满生机和活力，而他却感到自己像个幽灵。

在《魔戒》中还有一个名叫甘道夫的巫师，善良而强大。你可以说他是巫师，因为他用的是巫师法杖。这本书中有一个特别宏大的场景，甘道夫跨过一条天堑，试图去保护他的朋友们，使其免遭炎魔来势汹汹的袭击。正当炎魔准备过桥时，甘道夫咆哮道："你不能过去！"然后，他将自己的法杖砸向石桥，将其打碎，用法力将炎魔击溃，使它跌入深渊。[1]

书中的这一情节广受欢迎，激动人心，不仅出现在电影三部曲第一部的结尾处，而且导演彼得·杰克逊（Peter Jackson）甚至认为可以重复这一场景，作为第二部电影的开场。不过在第二部中，甘道夫喊的是"你休想通过"，而不是"你不能过去"。

我和患者商量说可以来上几句粗话，增加一些语言力度，建议他把这些话用于自己的信念的表述中，并观察一下结果如何。

---

[1] 从哪儿来，回哪儿去。托尔金小说中的每个角色都至少要说一遍"从哪儿来，回哪儿去"。

我们还讨论了可以将这种方法用于电影、书籍和歌曲。

当他下周回到我这里时,他紧张兮兮地交给我一张纸。他在上面写道:"我不是该死的炎魔,我是牛×的甘道夫!"

在前一周的整个治疗过程中,每当他有嗑药冲动时,都会大声喊着这句话。他还将自己想象成甘道夫,在那座桥上大喊:"你休想过去!"然后在大桥上挥动他的法杖,并用想象中的法力击溃了他现实中的欲望,将他心中的恶魔扔向了深渊。

然后他问我这项任务做得对不对,他说这是他迄今为止过得最好的一个星期,从上次治疗到现在,他成功抵御住了毒品的诱惑,完全没有染指。

因此,如果你赌咒发誓想要继续改善你那该死的信念,那么我一定支持你做出的这个牛×决定。

但是,假如你不喜欢爆粗口,又该怎么办呢?好吧,如果你想这么做,就不必非要用这种方式,因为情绪渲染不止一种办法。如果你不想说粗话,但是你会用"胡说""扯淡"这样的词,那就请务必用到它们。[1]

"我想要凡事守时,"你说,"但必须事事守时就是扯淡。"你也可以用类似的方式表达你的其他信念。现在,请把它们大声说出来。然后再说一遍。这一次要更加大声地喊出来,震耳欲聋般地喊出来。感觉如何?

我希望你感觉不错,我希望你感觉到获得了力量。

---

[1] 我有一个朋友和一个患者确实会用这种词来加强语气。

多年来，不少患者将他们的信念表述改成了这样："哎呀，莎拉，拜托，不是你想让别人怎样别人就得怎样的。你不喜欢事与愿违，你也不必喜欢，但是，苍天在上，事实就是如此，你也定能应对得了。"此类想法完全符合理性情绪行为疗法的精神，富有激情和力量，也不涉及任何粗话。

现在再说回《魔戒》和其他书籍。

电影和文学作品是很好的精神食粮。我们都有自己钟爱的场景，最喜欢的镜头，最欣赏的台词。请好好利用你的热爱。这些年来，许多哈利·波特的粉丝仿照小说或电影中他们钟爱的桥段，将他们的信念改编成了魔法咒语。相当一部分患者将他们学到的一切化作"缴械咒"或"滑稽咒"，甚至是"呼神护卫咒"。最后这个咒语还会召唤出他们的"守护神"。

另外，我有充分根据表明，"牛×的呼神护卫"确实起到了驱除不合理信念的作用，同时还消除了可能引发不安的情感和行为。

歌曲也有同样的效果。通常，我们最喜欢的歌词可能会成为理性情绪行为疗法过程中的某些符号化象征，这些词句成了你正在建立的合理信念的代名词。

我的另一个患者曾经有过"愤怒管理"的问题。特别是当事情的发展偏离了他的预想时，或者他感觉自己做了蠢事时，他就会用各种方式来诋毁贬低。虽然他是个大块头，但当我们讨论如何给他的信念和论据增加一些力度时，我建议使用粗话，但他用力摇了摇头。

"请不要让我爆粗口，"他说道，"我家有两个年幼的女儿。我已经非常努力地戒掉了脏话,不想再开口了。"

"那好吧,"我说道,"那就别骂脏话。"然后我建议了从电影、书籍和歌曲中寻找灵感的方式。他的任务是要找到一些能够振奋他的信念的好的素材,并在下次治疗时带过来。

一周后,他回来了,我问他有没有完成任务,他看起来有点扭捏。

"嗯,我完成了。"他说。

"那好,"我说,"你有哪些进展呢?"

"嗯,我说过我有两个小女儿,是吧?"

我点点头,"继续。"我说道。

"她们都很喜欢一部电影——《冰雪奇缘》。你知道这个电影吗?"

我的确知道这部电影,而且我也明白了接下来会发生什么。

"她们看了一遍又一遍,有时候还让我和她俩一起唱电影里的歌。有一首歌是这样的——"

你知道是哪首。我也知道。他不用再多说什么了。每次他的怒气开始升腾时,就会唱那首《随它吧》。

由于他的女儿们对《冰雪奇缘》的热爱,这首主题曲的每一句歌词,都深深地烙在他的脑海中,并且奇怪地成为我们一直在努力塑造的合理信念的代名词。千真万确,每次他想要发脾气,都会开始唱这首歌。当然是在他的脑海里歌唱,而不是真的唱出声来。

"这样做有用吗?"我问他。

14.第六周：给"失控"加点儿"料"

"哦，是的，"他回答说，"太有用了。"

这些年来，当听我分享完这件治疗逸事后，许多人再回到我的诊所时会说："实际上，《随它吧》对我也有用。这首歌在我的脑海中挥之不去，真的很有帮助。"我不知道现在有多少人在唱着这首《冰雪奇缘》里的歌，以此来表达自己的合理信念。[1]

听起来可能有点儿奇怪，但是歌曲真的很有用。它们赋予你力量，让你能够应对逆境。

各位，谁没有曾在卧室或客厅间跌跌撞撞，半醉半醒，一边抓着酒瓶，一边声嘶力竭地唱着跑调的歌曲，为刚失恋的自己打气？[2]

你可以用粗话说出你的信念，你可以大声喊出你的信念，你可以引用书籍、电影中的情节和台词来表达你的信念，你也可以唱出你的信念。但是唱歌的时候要小心，因为大部分的歌曲都有些疯癫（我的意思是，歌词里充满不理性的内容）。接下来我会对此进行详细阐述。

---

[1]《随它吧》(*Let it Go*)，由克里斯汀·安德森－洛佩兹（Kristen Anderson-Lopez）和罗伯特·洛佩兹（Robert Lopez）夫妇创作，并由女演员兼歌手伊迪娜·门泽尔（Idina Menzel）演唱。要是他们能知道这首歌在治疗中产生了什么奇迹该有多好，快来个人告诉他们一下。

[2] 如果你问我唱的是什么，答案是激进四人乐团（Skunk Anansie）的《软弱》(*Weak*)。

249

歌曲中不理性的言语

悲伤而不理性的言语时刻围绕着我们。我们听别人这么说，我们自己也会说；我们思考它，我们感受它。这些言语出现在电视节目中，也存在于书本中，如果你听音乐，一定会从歌曲中发现它们的踪迹，特别是情歌和伤感的恋曲。

当涉及爱情和恋爱，大多数歌词的确是非常不理性的。我们都知道爱情歌曲的套路。无论是流行音乐、舞曲、摇滚乐还是布鲁斯，无论伴奏是细腻的弦乐还是铿锵有力的打击乐，歌词都趋向于此……

> 我一定要拥有你
> 你一定要爱我
> 就是你，只有你
> 噢，噢，噢，
> 爱，爱，爱
> 我的生活里不能没有你
> 没有你的生活了无生趣
> 我再也找不到一生所爱
> 噢，噢，噢
> 爱，爱，爱

好吧，当理性情绪行为疗法这台机器开始运转时，以上这种歌词会被改造成这个样子……

我想要拥有你，可我不必非得得到你

我想要你爱我，可你不必非得爱我

除你之外，还会有人回应我的感情

噢，噢，噢

爱，爱，爱

如果没有你，我有多难过，但我能承受失去你的痛

我会去找寻生命的美好，除你之外其他幸福所在

我终会再爱，除你之外其他某人会来

噢，噢，噢

爱，爱，爱

好吧，像这样的歌可能不会登上热门榜单，但是它们却会带来些许理智。之所以要这样做，是因为在现实生活中，爱并不是最理性的情感。拿披头士乐队的《你需要的只是爱》为例，是这样吗？爱就是你所需要的全部吗？你是不是甚至根本不需要爱呢？

1943年，心理学家亚伯拉罕·马斯洛（Abraham Maslow）在《人类动机论》中概述了人类的需求层次。从本质上来说，这种等级体系是由五层需求组成的金字塔：生理需求，安全需求，爱与归属需求，尊重需求和自我实现需求。而在这五种需求中，只有由食物、水、温暖和休憩所组成的最底层是"必不可少的"，因为没有它们，你就会死掉（死亡速度取决于缺失的需求类型）。而马斯洛金字塔中其他所有需求都是偏好性需求。虽然你可能会不喜

欢没有它们的生活，但你至少会活下去。因此，考虑到马斯洛需求层次理论，"你需要的只有爱"（三级需求）变成了：

拥有爱情，生活美好，可你不必强求（重复两次）
爱，爱，爱
爱情是上天的惠赠

虽然很理性，可它再也不是一首动人的情歌了。不过，这绝对是那种阿尔伯特·艾利斯会自己独唱或与患者合唱的曲目。

看看你是否可以从下面的理性歌词中发现其对应的是哪首爱情歌曲。如果答不上来，本章末尾可以找到答案，第一首歌的歌词是这样的：

我虽能体会这很难面对
却也明白，生活不会停摆
就算我的生命中，你已不在

或许不愿再如当初，无悔付出
但我总会得到治愈，然后继续
再次将真心献出，却不是你，是别的谁

第二首歌是：

14. 第六周：给"失控"加点儿"料"

告诉我，告诉我，宝贝
为什么，你离不开我
因为即使我告诉自己要放下，但我做不到
我想要你爱我，但你不必非爱我不可
我想要拥有你，但我不必得到你，你，你

最后一首，可能很容易猜到答案：

女孩的名字，女孩的名字，女孩的名字，女孩的名字
请你不要夺走我的爱人
女孩的名字，女孩的名字，女孩的名字，女孩的名字
如果你没有夺走我的爱人，我会多有开心
虽然没有道理说，你一定不能这么做

  大多数情歌所包含的内容不仅仅有"不该"和"一定得"，还有"糟糕至极"和"无法忍受"。这些内容都不算太好。令人遗憾的是，尽管理性的语言可以使你保持镇定和理智，甚至是在你经历痛苦的分手过程或者面对出轨的爱人时，也会起到一定效果；可用这种语言写出的歌词也确实非常垃圾，没有哪位体面的歌手想要为它引吭高歌。
  你这周有一项任务就是找出一首不理智的情歌，然后改写歌词，让歌词内容变得更加符合理性情绪行为疗法的原则。

歌曲中的理性语言

此外，如果你感兴趣的话，你也可以去找一找理性的情歌。这样的歌确实存在，只是数量很少，屈指可数。即使是《冰雪奇缘》中的《随它吧》(Let it Go)，也有相当多非理性的内容，不过多丽丝·戴（Doris Day）的《顺其自然》(Que Sera Sera) 和滚石乐队（The Rolling Stones）的《你不可能总是得偿所愿》(You Can't Always Get What You Want) 就十分理性了。

我诊疗过程中已经将这样的任务布置给了好多人，我们从中找到不少乐子。一个家伙甚至将一段德语咏叹调翻译成了英语，然后又将其变成了一首理性的歌曲。

但我们还是要从音乐世界走出来，回到普通、日常、非理性的语言上进行审视和分析。当人们持有不合理信念时，他们的思维、感觉和行为就会变得不理性。他们说话不理性，而这些语言又会影响到他们的思维、感觉和行为。下面一段内容摘自我和一位女士的谈话，她面临着工作压力的问题：

"问题出在我的老板身上。我真受不了她。她简直就是我的噩梦。她毁了我的生活，毁了我们大家的生活。不工作的时候，她还算是正常人，可一旦进入工作，她就是个贱人。真是人至贱则无敌，前一分钟她还柔声细语，下一分钟她对你说话的态度，就好像你是地上的烂泥。她写的邮件，有的还算合情合理，有的简直是胡言乱语。而且她的行为没有任何规律或原因，你永远摸不透她的心思，或者下一步行动。她真的有双重人格。我受不了这样的工作氛围，每个人都让她弄得提心吊胆，我简直要被逼疯了。她不应该这样做，她应该更尊重她的员工。我要崩溃了，她对待我们的方式太恐怖了，她让我焦虑，让我愤怒，我深陷其中无法自拔。我每天回家后最大的感觉就是失败，担心第二天如果发生了什么的话我该如何应对。我真的累得不行了。"

现在，读了以上这段内容：

★ 你认为这个人的感觉如何？

★ 你认为她在工作中表现如何？

★ 下班回家后，她可能会做什么？

★ 她如何应对老板？

理性的语言

我希望你利用到目前为止所学的内容重写上述谈话记录，基于"理性情绪行为疗法"的原理以及合理信念在心理健康中的作用来重写。如果你觉得困难，过后可以参照我在下文中写下的有关上述对话的理性版本。但是，先自己动手写写，不要偷看哪。

你偷看了，是不是？

理性版本

"我和老板之间有问题。有时她可能会有点难以应付,有时她会有点讨厌,有时候她可能真的是个大麻烦,不仅对我来说,而且对每个人而言都是如此。不工作的时候她一切正常,但在工作中她却不总是让人感觉如沐春风。一分钟前她还和颜悦色,下一分钟跟你说话时就很强势。她写的邮件,有的合情合理,而有的却根本没道理。她的这些表现也没什么规律或理由。你永远摸不透她下一步的表现,或者接下来的打算。你知道《化身博士》[1]那本书吗?她让人想到这本书。即使她有时很难搞,还有点儿彪悍,但我知道我可以与她打交道,虽然我不敢说自己是乐于和她相处的。每个人都在提心吊胆,这不是一个最舒适的工作环境。我不知道她为什么要这么做,我希望她别这样,但遗憾的是,她就是这样的人。不过我也不能过于苛责她了,毕竟有时候我自己对待他人也不是那么和善。但如果她对员工有更多的尊重,那就太好了。我知道她不是一定尊重大家,她现在的表现虽不是糟糕至极,但也令人非常不愉快。与她打交道可能会让人沮丧,还会担

---

[1]《化身博士》是19世纪英国作家罗伯特·路易斯·史蒂文森(Robert Lewis Balfour Stevenson)创作的长篇小说,是其代表作之一。书中塑造了文学史上首位具有双重人格的主人公——一个是自律善良的学者杰科(Jekyll),一位是放纵邪恶的恶棍海德(Hyde),主人公在善恶两种形态间不断转化,最后在绝望与苦恼下自尽,终结了自己矛盾的一生。后来"杰科和海德"(Jekyll and Hyde)一词成为心理学"双重人格"的代称。——译注

14. 第六周：给"失控"加点儿"料"

心她会带来多少压力。我没有逃避这件事，但回家后的确感觉比我想得要累，压力更大。很遗憾，因为我热爱我的工作，而且我也很擅长。留下来意味着每天要与她打交道，但是离开又意味着要失去我所喜爱的工作。我想，我不愿在她和她的态度上耗费更多精力了。嗯，这样可能不错。然后我就可以决定到底想要怎么做了。"

阅读你自己改写的版本或以上内容：

★ 这个人的感觉如何？
★ 她在工作中表现如何？
★ 下班回家后，她会做什么？
★ 她如何应对老板？

但是，这些对你正在解决的问题及其背后的信念有什么意义呢？

在接下来的一周及以后的时间里，我希望你用粗话改编自己的信念，或者把信念唱出来、把它们化作电影对白或书中情节，甚至可以用到以上所有方式，特别是在你经历让自己困扰不堪的情景时。

还有一点也很重要：要继续进行行为实践任务。让自己继续处于会碰到情绪问题的状态，或者与你觉得相处困难的人打交道，在这些过程中默念合理信念（强化过的版本）并观察行为结果。

例如，西奥发现，他在聚会上或社交场合下焦虑又要发作（他去了两次酒吧，参加了一次小型家庭聚会），于是他默念他的健康信念，情绪随即得到缓解，更重要的是，他马上获得了一种控制力。这些成功经历，再加上他在前一周的实践任务中所取得的进步，意味着他发现自己的目标已经实现，于是他很高兴地与我进行了最后一次治疗。他自信倍增，感觉自己已经"开窍了"。

你也会开窍的

过程就是这样：六个星期，六个步骤，通过理性情绪行为疗法流程，遵循 ABCDE 心理健康模型，解决一个特定心理问题。你已经了解了如何通过该模型解析一个特定问题：如何选择问题，如何识别出与问题相关的不合理信念，然后找出问题中困扰你最深的层面。

起初，你准确识别出了不合理信念，建立起与之相对的合理信念。之后，你质疑自己的信念，发展出有说服力的论据，以此审视那些不合理信念对你造成了什么困扰，而合理信念又能给你带来哪些收获。接着，你为自己对合理信念的信任度做出了一个百分比评估，同时用"理性–非理性对话"处理了自己对合理信念的所有疑惑和反驳，以此来提升信任度。

最后，你通过爆粗口、歌曲和电影等外力为自己的信念增添了感染力。所有这些都让你在面对自己选择解决的问题时，无论思想感受，还是行为表现，都发生了有效改善和提升。

我希望你对这个结果感到开心。

现在你正处于ABCDE模型中的"E(有效的理性视角)"阶段。这意味着，如果一切按计划顺利进行，现在的你应该已经具备了理性视角，来应对"激活事件"。可是现在该做什么？后续会发生什么？你如何在之后的日子里长年累月地保持住现在的收获？

以上所有这些会在下一章进行阐述。但是在此之前，我们还有一点任务要完成。

第六周要做的事

★ 如果愿意的话，你可以把一些粗话用到你的信念表述、"理性－非理性对话"和有力论据中去。如果你不愿意，就把你的信念改编成歌曲唱出来。或者两者并举，这两个方法都不错。

★ 继续进行行为实践任务，可以在想象或现实中完成，抑或两者并举，必要时需要增加合理信念的信任度。

★ 记录下你成功的行为实践任务，与成功失之交臂时的差错以及失误次数（如果有的话）。

★ 保持练习。

★ 找到一首不理性的歌曲，利用所学知识重新编写歌词，将其变为一首理性歌曲。

在你开始阅读下一章之前，回答下列反思性问题：

需要反思的问题

★ 本章的内容是什么？你是如何应用它的？

★ 你尝试了哪些行为实践练习？你对自己的进展满意吗？是什么为你的信念和论据增添了力量和活力，从而带来了改善？

★ 你找到了哪首不理性歌曲？你觉得改编后的理性版本怎么样？有没有哪首歌曲让你想到了合理信念正在发挥的作用？如果有，是哪一首？为什么？

★ 在阅读本章时，你有没有任何见解或"顿悟"时刻——用这种方式挑战自己的信念时，将其付诸实践时，以及在过去一周内反思它们有可能与哪些其他方面相关时？

猜歌词

你猜得如何？有没有找到之前改编成理性情歌的不理性原版是什么？第一首是《没有你》(*Without you*)，由威尔士摇滚乐队"坏手指（Badfinger）"于1970年首次演唱（此曲由皮特·哈姆和汤姆·埃文斯创作），但也因"空中补给乐队（Air Supply）"和玛丽亚·凯莉（Mariah Carey）的演唱而声名远播。随后一首是《问题》(*Problem*)，2014年由爱莉安娜·格兰德（Ariana Grande）携手伊基·阿塞莉娅（Iggy Azalea）共同演绎的歌曲，这首歌由爱莉安娜·格兰德、伊基·阿塞莉娅、伊利亚（Ilya）、马克斯·马丁（Max Martin）和萨万·科泰卡（Sava Kotecha）共同创作。最后一首是多莉·帕顿（Dolly Parton）1973年的经典作品《乔伦娜》(*Jolene*)。

15. 完成六周目标后，下一步做什么？

生活中真正的问题是下一步做什么。

——亚瑟·查理斯·克拉克

如果你已经顺利走完了全部过程，那么，目前我们就已经坚定地处在 ABCDE 心理健康模型中"E（有效的理性视角）"这一阶段了。这代表你在看待原始"诱发事件"时拥有了一种有效而理性的观点，也可能意味着在某种程度上，你的某个心理问题已经得到妥善解决。

我说"在某种程度上"，是因为改变是长达一生的过程，对任何一种心理疗法来说皆是如此，包括理性情绪行为疗法在内。但也别担心，实际情况并没有听上去这么难。

如果你是我的患者，那么"E"不仅代表你对正在解决的问题已经产生了有效而理性的认识，还意味着针对这个心理问题的治疗阶段已经结束，而即将开启的是针对下一个问题的疗程。如果你发现这本书在解决一个特定情绪问题方面很有帮助，那么就没有理由拒绝以同样流程去着手解决下一个问题。

"E"也可以解释为治疗的结束（End），但是这个结尾永远不会像它看上去的那样就此打住。有些人喜欢利落而迅速地结束，解决问题，实现目标，说声再见——"除非需要，否则不见"。而对于其他人而言，这会是一种渐进式的结束，将疗程分散在几周或几个月内，监控其进度，不仅要保证疗效，而且要考虑对日常生活中其他方面的影响效果。

这就是我们现在所处的阶段，以及接下来要做的事。无论你是否在阅读本书时学以致用，也不管你是否与哪种理论背景的治疗师完成了一段治疗，最重要的是，要维持你现在取得的成果。

很多人会翻阅"自助式"书籍，沉浸其中，从中发现意义，然后把书放回书架，继而将其抛诸脑后。然后他们拿起另一本类似的图书，重温以上过程。你知道这种人后来都怎样了，对吧？

但是，如果一本书，或者一个疗法、一位心理治疗师曾经触动过你，打动过你，改变了你，帮助了你，难道你不觉得为了更好的自己和努力过的他们，也应该一直让这种状态保持下去吗？

做到这一点，还需要多种因素的助力，接下来我们就来具体谈一谈。

首先，如果要用一句话或一个观点来总结你从本书中所学到的精要，你会说些什么？

每个人都是不同的，对某些人来说，是放弃他们的"绝对需求"；对某些人来说，是停止他们"戏剧化夸大事实"的表现；对另一些人来说，是支持他们应对生活困境的信念，或者尊重"自己及他人是既有价值又会犯错的普通人"这一事实。有些人说，他们再也不会夸大事实，也绝不会对自己和他人期望过高。每个人都有各自的总结，不同的见解。

你的见解是哪一种？帮助你达到效果的手段是什么？是质疑还是论据？是"理性－非理性对话"？还是有感染力的信念？抑或两种或更多种方式的结合？你最认同哪种手段？哪个是你的菜？

同样，不同人会给出不同答案。对有的人来说，是质疑给了他们理性思考，对有的人来说，他们看到的是两种信念分别带来了哪些后果，有的人则更喜欢以"理性－非理性"的方式与自己交谈，还有的人则总是通过"粗话式"信念或歌唱《随它吧》（Let it Go）来点醒自己。

无论你给出的答案是什么，请记住，在遇到麻烦时，它就是你的首选方式。

不要重蹈覆辙

短暂发作和重蹈覆辙之间有什么区别？同时，如何防止前者变成后者呢？

短暂发作像是开一天小差，大家都可能经历。而重蹈覆辙则是打回原形，你会发现自己又回到了使用理性情绪行为疗法之前的状态。

短暂发作不可避免。人人都有开小差的日子；没有人是完美的，每个人都是既有价值又会犯错的人。别担心那瞬间的放松，接受理智的短暂停顿。短暂发作发生时，你可以使用已经掌握的方法进行分析，审视你曾跟自己说了什么才导致这种想法和感受的出现，以及下次再遇到这种情况你该如何思考。或者，你也可以不必介怀，放松一天，蒙头大睡，因为你或多或少也意识到了明天会是崭新的一天，也是更加理性的一天。

在治疗的最后，一般来讲，离开诊疗室的人会分为两种类型。第一种人在离开时说："好吧，我现在状态很不错。我希望不要再出同样的问题，但是我可能还是会犯错。如果再出问题，我会不高兴，但这也不是什么世界末日。再出问题的话，我会觉得很困难，但我知道自己可以应对。就算再出什么问题，我也不是失败者，我只是一个既有价值又会犯错的普通人而已。"

这些人在离开诊疗室的时候心情愉快，乐观，能量满满。他们理解并接受"短暂发作"时有发生，这些都是康复过程中的必经之路。更重要的是，他们知道如果不好的情况发生了，他们该如何面对和处理。

而另一些人在离开时认定："好吧，我现在状态真是不错。我可千万不能再犯同样的毛病，不然就糟透了，我肯定受不了，如果这样的话我就太失败了。"

这些人带着压力离开诊疗室，被可能会出现的"短暂发作"困扰着。更重要的是，如果"短暂发作"真的如期而至，他们会面临一个更大的风险，那就是发展为"重蹈覆辙"，再次回到原点。

因此，这里的关键问题是，读过本书后，你想要成为哪种人？[1]

如果你决心成为轻松面对"短暂发作"的那种人，那你就更有可能保持冷静、继续向前。虽然这并不意味着"重蹈覆辙"永远不会发生，但可能性确实大大降低了。

但是，如果你觉得正在"重蹈覆辙"，无力应对这样的局面，那么你可以做这样几件事。希望通过这本书，你已经建立起一份行之有效的"要做的事"清单（也就是，你完成过的各项任务），其中收集了你过往的想法、感受和信念以及你是如何与它们进行博弈的。从头开始再好好读一遍，加入你觉得必要的内容。如果这样还不奏效，那就从头至尾再读一遍这本书，因为你可能会因为一系列新的不合理信念而出现新的问题。

另外，如果事情变得很糟（但不是糟糕至极，永远不会糟糕至极），你可以寻求专业帮助。

有些患者时隔多日又回到我的诊疗室，他们经历了"重蹈覆辙"（这种情况有别于那些前来"复习"理性情绪行为疗法的患者，也有别于那些前来解决新问题的患者），我只问了他们一个简单的问题："你们停用理性情绪行为疗法多久了？"

"你怎么知道我很久没用了？"他们经常如此回复。

"因为你又来了呀。"我说。十有八九，答案是这样的。他们最后一次走出诊疗室的大门后就不再使用理性情绪行为疗法了。

---

[1] 请成为更健康、更理性的那一位，别做那个会说"猜猜我为啥又回来了？"的人。

他们只是从心理上默认任务已经完成，不需要更多的工作了。这些认知通常是无意识的，也很少是故意的。

但是，任务永远没有终点，理性情绪行为疗法是一个长期的过程。不过就像我曾说过的，完全不用担心害怕，因为这个过程根本不像看上去这么艰难。

为了验证这一点，我想聊一聊园艺工作。[1]

比如说，你买了一栋新房子，装修还未完成，需要进一步完善，并且在预算有限的情况下，你需要亲自进行修理和维护。

目前，房子里有一个可以称得上是花园的地方。不过，这里就像一处原始丛林——一片混乱，杂草丛生，堆满了"谁知道是什么"的玩意儿，还有一些真正难以入目的东西。但是，你已经看过了图纸，花园的尺寸着实不错，而且你已经在脑海中勾勒出了它变身后的美丽画面。

但是，把一个野生丛林变成脑海中的美丽花园，你还有很多工作要完成；或许你需要起草一个规划，或许不需要。但你一定要做的是去到花园里，亲手劳作。那里有野草要清除，有树枝需要修剪，还有其他类似的工作亟待完成。你很可能需要租用一个废料车来清理掉你在"丛林"里发现的垃圾。

然后，你还要去一个园艺店，买一些灌木、种子和植物幼苗，

---

[1] 出于种种原因，园艺工作经常在各种疗法中被用于类比"改变"的过程。我在各种心理课程中多次见到这种类比，我在金史密斯学院的硕士课程中也学过，该学院的温迪·德莱顿教授发明了这一类比，并将其发扬光大。我在这里所做的只是在该类比的基础上添上了几个有关害虫和猫屎的比喻而已。

再根据你的规划（脑海中的或实际画下来的）将它们种在花园中。但是，种上植物之后还没完事儿，因为你还要做一些养护工作。你需要好好照料这些种子和幼苗，需要定期给它们浇水，并保证猫猫狗狗、毛毛虫、蜗牛和鸟不会伤害到它们。

如果你的工作顺利完成，某天早上起床后，你会发现美梦成真，你的花园如此美丽，和自己几周前想象的一模一样。

现在，重点来了。你的花园看上去很可爱，你会就此放手不再理会它了吗？你当然不会。假如你这么做的话，杂草很快会再次占领花园，草坪变丛林，你将再次回到野生丛林之中。

所以，你需要维护花园：这里拔拔草，那里剪剪枝，再适时地浇浇水，在猫咪把你最钟爱的花床当成厕所之前把它们统统赶走。

问题是，有没有哪一项维护工作会接近完全清理、从头开荒的难度？

答案是否定的，当然没有。

我希望这个比喻的寓意是很清楚的。从心理学的角度来说，我们已经清理了花园，播下了种子，精心培育了所有幼苗，看着它们长大，现在这个花园看起来很像样。你只需要维护这些来之不易的收获；你需要定期做一点儿小事，防止杂草卷土重来。

定期通读本书（或者其他有关理性情绪行为疗法的书）是一个保持住成果的好办法。与此同时，也可以通读你在读书时做的笔记以及那些"要做的事"。

有些人喜欢写理性情绪行为疗法日记，定期记录一些事情。

他们写下自己遭遇的挑战，特别是那些处理得不尽如人意的困难。他们记录下事情发生的经过；记录下自己对自己说了些什么导致不合理信念的发作；还有，记录下为了下次同样情况发生时能保持理智，应该跟自己说些什么。他们甚至对此进行了更为深入的研究，在头脑中勾画出一些场景，并为此添加了质疑观点或有说服力的论据。

这些年来，我见过的患者中有相当一部分都在持续进行着"理性－非理性对话"。他们在其中加入了新的挑战和反驳观点，再着手解决，使其合理化。

另外一个保持成果的方法就是，总是让自己说的话落在合适的点儿上。永远使用"灵活的偏好"，而不说"绝对需要"；再也不用"糟糕至极""噩梦"或"全搞砸了"之类的字眼儿；再也不说什么事情让你"受不了""忍不了"，再也不用"完全没用""垃圾"或"失败者"来评价自己或其他任何人。始终在思想、言语和行为上运用合理信念。

不要只是为了自己，甚至只是对自己而采用这些方式。你也可以向别人传授所学的知识。我们被各种非理性包围着：在家里，在工作中，甚至在与朋友交往时。如果你向周围的人传递了理性情绪行为疗法，你的社交生活质量会大大提高。

我曾经有过这样一位女性患者，她对生活的信念很不合理。主要是因为她缺乏良好的学历背景，工作没有成就感，还有长期以来没有异性陪伴。正如她自己所说，她距离崩溃只有三四杯酒的距离。这也意味着，随便哪个周五或周六晚上，她都是在至少

15.完成六周目标后，下一步做什么？

一个朋友的肩头啜泣着度过的。

当她开始按照合理信念生活时，一切都变了。她的情绪改善了，比以前更享受工作的快乐；周五周六的夜晚，她仍旧会和朋友们出去，但不再是那个趴在别人肩头哭泣的人，而是成为别人哭诉时所依靠的肩膀。一旦有朋友感到郁闷沮丧，她给出的忠告相当犀利，一针见血，更重要的是，非常理性。一切都因此更加美好。

大多数人都会给出类似的一般性善意建议，一点点陈词滥调可能会起到些许作用，但意义不大。这样的话例如："好啦，没事儿"；"你比他们／他／她强多了"；"天涯何处无芳草"；"明天会更好"；"只要别多想，总会过去的"；"那是他／她／他们的损失"；"他们就是嫉妒，仅此而已"，等等。

但是，这位患者正在给出专业级别的理性情绪行为疗法建议。她的朋友会向她哭诉生活的不幸，对目前境遇难以忍受，或者表达某种"绝对需求"，抑或进行自我贬低。每当此时，她都会用理性情绪行为疗法中的理论和方法帮他们解惑。不是用强硬的方式，而是通过对话，质疑这个观点，反驳那个信念，根据对方的描述找出合理信念，并用这种信念做出反馈。她不仅在朋友们身上使用这一招，在与家人相处或工作中也常常这么做，由此产生的效果真是令人叹为观止。

"真是太棒了。"她在后来的疗程中对我说，"我就像知识的化身，聪明的女人，明智的角色，而不是'戏精'。现在每个人都跑来向我寻求建议。我真的太爱这种感觉了。"

更重要的是，通过定期地传递知识，她不仅帮助了自己的朋友、家人和同事，还使得自己对理性情绪行为疗法的学习保持着新鲜感。

这就是我们之前为什么说"改变是长达一生的过程"。保持理性的唯一方法就是持续用理性的方式进行思考，同时接受偶尔性的"短暂发作"。

当你成为一名真正的"理性大师"并全面掌握了理性情绪行为疗法的知识时，当你尝试将所学知识传递给他人时，将产生意想不到的效果，虽然这些效果并不总会以你想象的方式出现。不要期待理性情绪行为疗法会对每个人都产生作用，更重要的是，不要因此而感到沮丧。

不过人们常常会犯这样的错误。在面对逆境时，你已经学会了如何理性思考，分析自己的想法，检查它们是否正确、合理、有帮助。但并非每个人都知道你所知道的东西。你或许尝试教给他们，试图向他们渗透理性情绪行为疗法，而他们却油盐不进。有时候，对你来说，这些人听起来像是在吵闹的孩子，而他们绝对有权这么做。你可能会觉得很不舒服，不过，同其他所有情况一样，你当然是可以忍受这些的。

有一位女士，正在经历这一过程。我在写这本书的同时正在为她进行咨询，如果不想方设法提到她一下，她定然会给我好看。这位女士来到我这儿时问题重重：对不确定的事情感到焦虑，需要知道每件事的结果；对健康的焦虑，担心女儿的健康成长，担心女儿会出事；不信任任何人做任何事，只有她的方法是对的；还有体重问题，总是乱吃。所有这些都与她大量的贬低行为有关，证据就是，她认定自己毫无价值、一无是处、又丑又没用。我们耐心十足，一步步，一周周，分析和解决了一个又一个问题，直到所有一切都改变了。她接受了自己，甚至爱上了自己，并且十分享受她与丈夫、女儿的生活。她停止了憎恨，开始学会欣赏，真正经历了纯粹的欢乐时刻。

就在那时，她注意到：周围的人常常持有"绝对需求"（就像她以往一样）；容易戏剧化夸大事实（就像她曾经那样）；对近乎任何事都无法忍受（再一次和她的经历相仿）；还经常性地，不是看不起自己，就是贬损其他人（和她的过往太像了，让她不爽）。

她觉得很不舒服，原因有两个：其一，这些人的言行让她想起了曾经的生活（她几乎无法忍受）；其二，她发现他们的消极情绪令人筋疲力尽（几乎也让人无法忍受）。

因此，她尝试与周围的人分享自己学到的知识，但这一过程并不顺利。然后，她尝试向同一个人渗透"理性情绪行为疗法"，但她的建议要么被忽略——这还是好的，要么被强烈地抵制拒绝。因此最后，她只能接受让人不爽的现实，容忍这些情况，并相信自己可以对付，这样做对她来说是最有利的。另外，她非常爱这些人。而且，他们都是既有价值又会犯错的普通人，更重要的是，他们都有自己的人生旅程，不用踏着她的脚印前进。她对他们没有责任，她只对自己负责。这些都很正常。而她正在适应的过程中。

你也一样。一天又一天，每天都进行练习，直到能够自然而然地使用理性情绪行为疗法进行思考。但即便它成为你的自然思考方式，你仍避免不了偶尔的"短暂发作"，因为每个人都是如此，因为每个人都是既有价值又会犯错的普通人，甚至最好的心理治疗师也不能免俗。[1]

当你解决自己的信念问题时，当你在理性和非理性之间徘徊时，你会时好时坏，会觉得某些时刻好于其他时刻。而且，就像生活中的大多数事物一样，我们可以用一句俗语"前进两步，后退一步"来概括。

生活本就如此，学习一门新语言或一项新技能也是这样，掌握任何东西都是这样的过程，自我完善也是同样的节奏。变化不是一个线性过程，而是前进两步再后退一步的过程。没关系，不要否认它，要接受它，甚至拥抱它。

一定要赞赏我们取得的成绩，但更重要的是，从错误中学习。请记住，你现在就像是科学家或运动员，就像在科学和体育领域一样，没有失败，只有学习的机会。

还记得前文中爱默生说的"生活即试验"吗？好了，现在你可以拿自己的生活来做试验了。

通过使用理性情绪行为疗法的概念、工具和手段，你可以自由地试验自己的想法和信念。虽然理性情绪行为疗法是"认知行为疗法"的首要形式，然而大多数人却从未听说过（其中许多人实际上已经将其作为他们的心理治疗模式了）。

我希望理性情绪行为疗法对你就像对我一样奏效，像对多年来我见过的许许多多人一样有效。

---

[1] 在下也是。

16. 心理咨询中常被问到的问题

问者不愚，愚者不问。

——中国谚语

我引用此谚语有一个非常重要的原因，即，我不喜欢这句话。因为世上没有愚者，只有既有价值又会犯错误的人。你可能会问一个聪明的问题，也可能不会。你可能会提一个愚蠢的问题，但也可能不会。但你不会因为问了一个傻问题就变成了傻瓜。这些年来，这个谚语无数次在工作坊和演讲活动中被引用。主要是用于问答环节，为了让人们能更轻松地提问和讨论。如果你有疑惑，请提出问题。如果你不理解，请寻求解释。

与理性情绪行为疗法治疗师或与此相关的任何心理治疗师交谈时，这一点非常重要：永远不要害怕问问题。永远不要让你的治疗师以为你已经明白了，而实际上你并没有；也永远不要在被问到是否已经了解某事时简单地点头并回答"是"，而实际上你并没有。所有问题都是重要问题，这里没有愚者，只有愚蠢的事情。如果你需要知道答案却不提问，这确实是件非常愚蠢的事情。以下是人们针对理性情绪行为疗法提出的一些问题，相当具有普遍性。

① 我真的可以通过六个阶段解决所有问题吗？

不，你只能通过六个阶段控制住一个问题，只要它是一个特定的问题。我对诸如"治愈"或"消除"之类的词感到不满，建议你远离那些声称可以治愈或消除你的问题的治疗师。最好找这样一个表示自己可以帮你获得控制力的治疗师。这本书可以帮助你把控具体的问题。因此，如果你对伴侣关系的某个具体方面感到生气，如果你因为要在工作中进行演讲感到焦虑，或者因为以前的伴侣不值得信任而猜忌你的新伴侣，又或者你仍然为失去的工作而感到沮丧，那么我相信，只要你认真执行每个阶段需要完成的任务，就可以在六个阶段内妥善处理该问题。

但如果你有多个问题，这一方法仍然有效。只需要这样操作：一旦你在 ABCDE 心理健康模型中达到 E（代表拥有了有效而理性的视角），就意味着你可以根据相同的模型，以相同工具来处理另一个问题了（同时仍保持观察自己在上一个问题中的表现）。[1]

---

[1] 这种方式不仅适用于多种问题，也适用于面对同一问题的多种情绪。

② 但是，如果我不能在六个阶段内解决问题，该怎么办？如果我在阅读这本书时感到很困难怎么办？

这是一本自助式心理治疗书，我希望这本书会对读者有所帮助，可它不能代替经验丰富的心理治疗师，尤其是你疲于应对一些复杂情况时。但是，千万不要放弃。如前文所述，如果你的问题是具体的并且严重程度处于中等水平，那么六个阶段是足够解决你的问题的。这也有助于你在思想上形成一个明确目标。也就是说，每个阶段都需要按计划进行，以此保证"六个阶段"的有效性。有的人确实能够按计划完成任务，不过，并不是每个人都是如此，有的人即使能做到按部就班进行练习，但他们也做不到一直坚持下去。

如果你觉得自己身上正在发生这样的事，无论出于何种原因，这都不意味着这本书让你失败了，或你在本书上失败了（两者都是既有价值又会犯错的）。有些人喜欢理性情绪行为疗法，实践的时候就会如鱼得水。而对于其他人来说，这是一种全新而又复杂的思维方式，因此，就他们而言，这就如同将扳手扔进了上了油的大脑引擎，你眼看着扳手在里面敲敲打打，发出沉闷的声音。所有这些都意味着，你可能要把其中一两个章节重复读上一两遍。如果你觉得自己还不了解质疑或有力论据，那就回到这些章节再来一遍。如果你将理论学习付诸实践却进行得磕磕绊绊，如果你仍感到焦虑或愤怒，那么请回到"理性－非理性对话"，因为在准备就绪之前，你或许仍有一些反对观点。不要期待第一次实践练习就能做到完美，在思想上为强烈的负面情绪做好准备，即使有些负面情绪是健康的；同时，接受一个事实——你需要尽可能多地重复行为实践任务，以减轻负面情绪的强度。不要忘记，这里没有失败，只有学习的机会。将你的行为实践任务视为一次实验，你可能会在第一次就获得想要的结果，也可能实现不了。假如没有做到，你只需要分析一下结果，并根据需要进行调整，然后重复进行，直到获得理想的结果。时间可能会变成八个或十个星期，但你仍然可以做得很出色。

③ 不合理想法当然不止这四个吧？

是的，有更多。专家估计，大脑每天在 60 000 至 80 000 种想法间思考和运转，平均每小时会产生 2 500 至 3 300 种想法，而且大多数都是多余的，或者是几乎令人察觉不到的想法。根据理性情绪行为疗法，会"毁掉"你的四种想法，是针对特定问题而持有的四种特定信念。关于该问题的所有其他不正常的思想、感觉、行为和症候，只是这四种不合理信念导致的后果。当你将这四种不合理信念转变为理性信念时，对该问题的其他任何想法自然也会变得更加理性。

④ 理性情绪行为疗法是不是有些重复？

是的，这是肯定的，并且很重要。我们通过重复来学习。只需想一下，在学校时，你是如何学习乘法表的，为了某个测验或考试是如何埋头复习的，你就会对重复的作用更为理解。重复是我们学习的关键。在使用理性情绪行为疗法时，你需要一遍又一遍地重复诸如"质疑""有说服力的论据"和"理性－非理性对话"之类的练习，以实现从一种信念体系向另一种的转变。当你感到这种转变正在发生时，就需要按照这种合理信念行事，不是一两次，不是几次，而是一遍又一遍地反复进行，直到这种转变永久存在。不要试图避免"重复"，请拥抱重复。

⑤ 理性情绪行为疗法是不是太简单了？

你可以这样认为，不过理性情绪行为疗法治疗师更喜欢"巧妙"一词。回顾过去，当理性情绪行为疗法刚起步没多久时，该疗法中定义的会"毁掉"你的想法不止四种，可能有二十个左右。但经过多年发展，这种疗法一直在不断完善再完善。它不是说人心不复杂，也不是说问题很容易处理，因为事实并非如此。实际上，问题可以变得极其复杂，以至于会衍生出更多问题，然后，我们就会以无数种新的不合理方式将自己困于诸多问题之中。

我第一次去治疗时，坐在我的治疗师面前，简单阐述了是什么样的问题促使我来到这儿。然后，我开始讨论自己的全部的（非常丰富多彩的）人生经历，只是为了帮忙勾勒出我的人生图谱。过了一会儿，我停下来了，主要因为对方的脸上写满了惊惧。

我问道："有点儿超出你的限度了，是吗？"她紧张而沉默地点了点头。

"我得咨询一下我的上级。"她开口说道。

"我没问题,如果下次疗程我要见的是你上司,那就请吧。"

"哦,你肯定要看其他治疗师。"她松了一口气。

第二周,我的新治疗师使用了 ABCDE 心理健康模型(我后来也学到了)来解释我的问题。实际上,这是我第一次认识这一模型。

这是一个很好的模型,因为它有助于处理复杂的事情,并将其分解为更易解决的一个个小问题。

你可以使用该模型来处理一个具体问题,一个问题接一个问题。我们不会同时处理所有问题,因为那只会使事情复杂化。借助理性情绪行为疗法,你可以挑选出相互联系最紧密的系列问题,将它们梳理出来,然后逐一解决。

通过 ABCDE 模型,你可以清楚知晓自己处于问题处理的哪一阶段,以及正在进行的内容。

⑥ 我有不止一个问题,我可能有几十个问题,这是否意味着我要一直使用这本书,或者永远处于治疗状态?

我希望不是。所有"认知行为疗法"模式都被认为是较为简短的治疗方法,也就是说,你在治疗师的陪伴下需要花费数周至数月,而不是数月至数年来进行治疗。理性情绪行为疗法是这样的:在某些时刻,仅通过处理某些问题,你在对待生活和所有问题的方式上就会发生深刻的哲理性转变。不仅如此，其实事物之间的关联也比看上去的多得多。你的问题就像一棵树。不，真的，我是认真的。

你认识树艺师吗？如果不认识，那你知道树艺师是做什么的吗？一般来说，树艺师会修整树木，保护老树和受损树木。现在，假设你正漫步于森林中，并且发现了一大片看起来有些病态的树木。你可能会认为树艺师任重而道远。但是，他们却知道一些你可能不了解的东西。树艺师们只需要修护一棵树，也许是生病最严重的那棵。当他们在修整这棵树时，它将对周围的许多树木产生治愈作用。因此，通过修护一棵树，他们实际上已经为很多树完成了修整，因为事物之间的联系比它们看上去的要多得多。三四棵树的修护工作完成之后，整个林子都被治愈了。你的问题就很像那些树。你或许有一个清单，上面列了长达一百个问题。但是，当你着手处理其中一个之后，你会惊喜地发现，有其他许多问题都因此迎刃而解了。所以无论如何，请提出你认为必要的问题清单，列出尽可能多的问题，但不要被它们吓住。[1]

---

[1] 为了确保这种说法的可信度，我曾经问过两位真正的树艺师，这种类比是否正确。其中一位回答说："是的，这是肯定的。"而另一位也回复道："没错，某种程度上是这样的。"所以，在某种程度上，我也松了口气。

⑦ 我会放弃对我来说很重要的东西吗？

经常有人提到这个问题，尤其是喜欢掌控或追求完美的人。理性情绪行为疗法不会力图将一个心有所念的人变得无牵无挂。当我们感到困扰时，问题不在于我们在乎什么，而是我们看得太重，要得太多，心态不够健康或理性。理性情绪行为疗法只是帮助你调整到适当程度。你仍然会在意很多事情，但不要过分关注而受其困扰。以完美主义为例，有的人对于是不是"刚刚好"一点儿都不在乎，即便工作项目完成得马马虎虎甚至半途而废，他们也不以为意。如果你对他们在这方面进行一下测验，可能会发现，他们的信念体系是"我才不在乎完美"或"我从来都不在乎完不完美什么的"。而有些人则要求"我所做的一切都必须达到完美"。他们会竭尽所能，确保事物完美无缺。他们不仅会鞭策自己，还会将自己逼得太狠，甚至逼到绝路。有人相信"我希望自己所做的一切都能达到完美，但我知道不是一定非要如此"。这样的人，他们仍然在乎事情是否完美，因为这就是他们内心的偏好。而在这种"在意"之下，他们依旧会自我鞭策，因为他们受到了完美偏好的激励，不过，这样的人不会把自己逼得太狠。[1]

---

[1] 如果有用的话，你可以说，"我真的真的非常强烈地希望自己所做的一切都臻于完美，但是我也知道不必非得如此（因为不是所有情况都如我所愿）。"

⑧ 理性情绪行为疗法似乎很注重说和写，但我两者都不擅长，所以理性情绪行为疗法对我来说并不适用吗？

好吧，希望你不会觉得这本书或本书设定的任务过于繁重。但是，如果你有这种感觉的话，我们还有其他方法。的确，所有"认知行为疗法"的治疗模式都被称为"谈话疗法"，但你也可以根据最合适自己的方式来制定你的任务。并非所有内容都必须用文字表达，也不是全部内容要都落于笔头。多年以来，我见过很多人在智能手机上使用语音备忘录功能来质疑自己的信念，并以他们习惯的语言展开有说服力的论据，而不是依靠我的语言风格；以对他们有意义的方式来进行实践任务，而不是按照我的方式。我也遇到过很多人以相同的方式将实际治疗过程录下来，然后再回放给自己听。还有一些人，他们在完成了与本书中所布置的类似的任务后，将其用平板和笔记本电脑转换为图表、故事板、情绪板、视觉日记等等。我还见过不少人将他们在疗程中学到的知识以及完成的任务转化为思维导图，因为这对他们来说最为有效。有一位令人记忆深刻的患者，他购买了一堆卡片和一个文件盒，在每张卡上写下了一个相关要点，并会定期阅读查看这些内容。你大可不必像我描述的那样去完成本书中设定的任务，你可以尽可能自由地将自己所学的知识转化为一种合理形式，这样做既对你有意义且能帮助你处理好自己的个人信念。[1]

---

[1] 我敢肯定，有的记录是用表情符号完成的。

⑨ 如果使用这种疗法，我会成为一个没有情感的机器人吗？

这种推断不正确。是的，理性情绪行为疗法的名称中包含"理性"一词。没错，我们采用逻辑来帮助你将信念合理化，但这并不是说，有了逻辑就会像机器人或瓦肯人[1]（《星际迷航》的粉丝们，你们懂的）。在理性情绪行为疗法中，每个不健康的负面情绪都有一个健康的负面情绪与之相对。别忘记了，这里的"不健康"仅意味着对你和/或他人而言无益，而"健康"则意味着对你和/或他人有帮助。当你持有不合理信念时，你的想法、感觉和行为都在以对你毫无帮助的方式进行；可是，当你持有合理信念时，你的想法、感觉和行为都会以对你有利的方式进行。不带任何感情的行为和反应，既不合理也无好处。有些时候，你会为某些事忧心忡忡，感到难过或沮丧。更重要的是，这些情绪将在一定程度或范围内存在（例如，从一点点关注到非常在意）。一件事越紧要，你就会越担心，但只要你的信念是合理的，那么无论你的这种情感多么强烈，它都是健康的，因此，你的思想和行为也同样是合情合理的（即有助于你）。英国人曾经以"喜怒不形于色"而闻名遐迩。大多数人认为，这说明英国人非常擅长将情绪抑制到不合常理的程度，但实际情况没有这么夸张。不苟言笑的人会在

---

[1] 瓦肯人是虚构科幻连续剧《星际迷航》中的一种外星人，他们以信仰严谨的逻辑和推理、去除情感的干扰闻名。——译注

逆境中表现出刚毅和坚韧的一面，或者在表达情感时表现出很强的自我克制力（至少维基百科上是这样讲的）。这就是理性情绪行为疗法的本质，这种疗法帮助你建立起刚毅和坚韧的心性，与此同时，它也绝对希望你能表达出自己的情绪，只不过需要适当地进行表达。

⑩ 有些事件的确引起了情绪变化，尤其是在心理特别受伤的情况下，这样的话怎么办呢？

当真正令人痛苦的事情发生时，你的确会受到心理创伤。此时，"认知行为疗法"可能就不是心理治疗工具箱中的最佳工具了。心理咨询服务能够为你提供一个安全的倾吐空间，此时可能更适合你。而对于有心理创伤的人来说，还有一种聚焦创伤的认知行为疗法。我也曾治疗过多名有严重心理创伤的患者。

如果你已读完本书，我希望你能理解的是，某些事发生了，它确实会影响到你的思维方式、行为方式，但也只是影响。直接来说就是，你对事件持有的信念才真正决定了你的思考和行为方式。现在，事件引发的痛苦程度越深，对你的情绪和行为的影响就越大。

假设你被卷入了一起事故，或者从家庭虐待或性侵犯事件中死里逃生。这些事件很明显是 ABCDE 心理健康模型中 A 处的"诱发事件"。现在，事件发生之后，在当下时刻，你可以陷入任何困扰，你可以说出任何的"应该"和"不应该"。你需要的是恢复的时间、治愈的过程，然后继续前进。随着时间的流逝，你受伤之时的"绝对需求"自然会变成"可以灵活变通的选择"。如果这种改变没有按时发生，理性情绪行为疗法就是你可以使用的工具。如果你在创伤事故发生几个月甚至几年后仍然被困于"绝对需求"，那么就需要审查一下自己的信念是否合理了。情感责任的原则是：真正困扰你的不是生活中的事件，而是对于这些事件你是如何告诉自己的。这个原则仍然成立。

⑪ 如果我接受关于自己和他人的合理信念，当我们做坏事时，我是否能借此为自己（或其他人）开脱？

我真的不希望如此。我希望当涉及自己时，你的信念是"我希望自己没有做那件坏事，但是没有理由说我一定不可能犯下这个错。我不是个坏人，即使我做了件坏事，却还是一个既有价值又会犯错的人"。在这种信念下，你仍会体验到一种情感，而这绝不会是快乐的情绪。你所经历的将会是健康的负面情绪，并伴有适当的行为表现。更重要的是，你清楚地表达出，这是件坏事，并且希望自己没有做过；但即便做了坏事，也不会让你彻底变坏。这个信念不会让你完全摆脱心理上的罪责。不过有了这个信念，你会更喜欢做好事，因为你会后悔曾经的行径，想要弥补自己的过错。这件事不会从你的生活中被抹去，但你可以通过健康而有益的方式继续前进。其他人也一样。

你不会因为接受他们是既有价值又会犯错的人，就让他们轻易摆脱罪责。你这么做是为了让自己脱离某种困境（愤怒的困境，沮丧的泥沼，等等）。

但是，宽恕伤害过你的人，将他们视为既有价值又会犯错的人，并不意味着你必须在自己的生活里重新接纳他们。如果某人对你来说有害无益，你也有权告诉他们走开，远离你的生活。你可以在原谅他们的同时让他们走远一些，并祝他们一生幸福（有生之年，不复相见）。

⑫ 理性情绪行为疗法和认知行为疗法谁更优秀？

简单来说，两者没有高下之分。认知行为疗法中的所有模式都在试图做同一件事，尽管在角度、观点和理念上略有不同。这些年来，许多人对我说过些类似的话："我多么希望几年前就采用这种认知行为疗法模型。"或者说："我试过两种认知行为疗法模型，可我更喜欢这一种。"但是我敢肯定，很多人去到认知行为疗法治疗师那儿，谈起理性情绪行为疗法时也会说完全一样的话。

亚伦·贝克的认知行为疗法模型比阿尔伯特·艾利斯的理性情绪行为疗法模型更为流行，而我期待本书能够改善这一现状。这一现状的成因颇为复杂。许多治疗师和学者说，因为贝克更快地意识到了利用科研（即证据）来支撑其疗法的重要性。但对这一问题，我有自己的想法。

在我看来，这就像是高清DVD和蓝光光碟之间的战斗。两种技术同时投放市场，就声音和视觉质量而言，两者是旗鼓相当的。但是，蓝光技术却通过更精确的市场营销和更酷的名字赢得了这场胜利。它更迅速地吸引了公众视线，占领了市场。

接着往前回看家庭娱乐设备市场的迭代，家用录像设备（VHS）和卡带录像设备（Betamax）之间也有一场斗争（知道这两种设备的我暴露了自己的年龄）。从技术上讲，卡带录像设备是一款卓越的产品，它具有更好的技术和绝佳的声音视觉质量，但最后却是家用录像设备赢得了这场竞赛。个中缘由可能是有赖于更好的市场营销，但也可能仅仅是因为它首先引起了公众的注意。另外，它的价格更便宜。

我希望理性情绪行为疗法能够重新回到公众视线之中，因为这不是家庭娱乐，而是一种心理治疗方法。并且，如果有一种心理治疗模式更适合你，你就应该去了解它，更可能地采用它，并使用它来解决问题。

正如著名的前任维密天使曾经说过的："我觉得知识就是力量。如果你知道如何照管自己，那么就能成为更好的自己。"[1]

---

[1] 澳大利亚模特米兰达·可儿如是说。

17. 结语

没有什么会离去，直到它教会了我们应该知道的一切。

——佩玛·丘卓

就是这样，这是一本有关理性情绪行为疗法的书：一种心理治疗体系，广为认可的"认知行为疗法"的第一模式，非常成功且历久弥新的心理治疗模式。遗憾的是，心理治疗领域以外的人对它的认知还十分有限。

有关理性情绪行为疗法的书籍以前也有人写过。实际上，写书的人不少，但了解这些内容的人却并不多，而人们本该被惠及。

很多人知道克里斯蒂娜·帕德斯基（Christine Padesky）撰写的《理智胜过情感》，而温迪·德莱顿（Windy Dryden）所著的《改变的理由》却没有这么高的知名度。不过在我看来，《改变的理由》是更好的选择，尤其是如果你的头脑比较僵化的话，若你果真如此，那么《改变的理由》就如同为大脑准备的《海恩斯手册》。[1]

理性情绪行为疗法并不是我发明的疗法；ABCDE心理健康模型也不是我设计的模型。我在本书中介绍的一切，都是基于阿尔伯特·艾利斯的方式、疗法和哲学理念。我希望你喜欢阅读本书的过程，也希望这本书能够激励你去了解更多信息。

日光之下，并无新事。认知行为疗法的最新流行词是"接纳与承诺疗法（ACT）"和"同情聚焦疗法（CFT）"，两者都是非常好的治疗模式。两者的关注重点与理性情绪行为疗法和认知行为疗法略有不同，并且在治疗过程中加入了"正念"思想。

"正念"基于古代佛教的修行，而理性情绪行为疗法和认知行为疗法的缔造者都承认古代斯多葛学派哲学对其起到的作用。所有被冠之以"新"的事物常被认为"优于"以前的事物。然而，认知行为疗法并不比理性情绪行为疗法优秀，而接纳与承诺疗法和同情聚焦疗法也不比认知行为疗法或理性情绪行为疗法更优越。尽管正念疗法和基于正念的疗法都很出色，但它们也并不能代表治疗方法的全部。[2]

没有任何疗法能做到这一点，包括理性情绪行为疗法。很多时候，采用哪种疗法取决于你是谁，你是如何处理信息的，以及

---

[1]《海恩斯手册》是英国出版商Haynes Publishing Group出版的一系列实用手册。该系列主要关注汽车的保养和维修，涵盖了广泛的品牌和型号。这些手册主要针对DIY爱好者，而不是专业的车库修理工，因为它们缺乏对特定车辆或问题的介绍。——译注

[2] 对于喜欢"双管齐下"的读者来说，你可以试试基于认知行为疗法的正念疗法（MBCT）和基于理性情绪行为疗法的正念疗法（MBREBT）。

你当时为了改变做了怎样的准备。除此以外，还取决于你愿意为此付出多少努力。如果能做到每天练习，正念才会发挥最大效用。对理性情绪行为疗法来说同样适用。

每个人都想快速复原，每个人都在寻求可以快速复原的疗法。心理学家和研究人员都在寻找放之四海而皆准的治疗方法。或者，一根魔杖、一挥手或一个治疗阶段就可以修复所有问题。[1]

也许有一天，我们真的会找到一劳永逸的方法。但人类的天性是，在渴望新事物的同时，不仅忘了旧的，也忘了眼前的。在寻找"下一件大事"时，我们放弃了"尚存的好事"。[2]

我不希望看到理性情绪行为疗法像渡渡鸟一样走向灭绝之路，或者被升华融合到其他疗法之中以至不见踪影，抑或变得面目全非。这是很有可能发生的，甚至阿尔伯特·艾利斯被问及对理性情绪行为疗法的看法时，都预测它可能会被归入其他疗法，甚至被淡化，直至消失。但是，我们不要放弃。

很多人都没有放弃。阿尔伯特·艾利斯有几本书去年才再版，因此人们对理性情绪行为疗法的兴趣或许会有些许复苏，但愿如此。理性情绪行为疗法从未有过鼎盛时期。至于鼎盛时期，我的意思是它从未真正进入公众视野，知名度不足以让大家知道还有

---

[1] 单阶段疗法（SST）的确存在，我在学习理性情绪行为疗法时的授业恩师之一温迪·德莱顿教授就提供这种疗法。但单阶段疗法并不是什么灵丹妙药，在使用时仍然需要你付出很多努力。

[2] 我们都有过这样的经历。我们都曾喜新厌旧，为了一个光彩照人的新人而将旧人弃如敝屣，回头又意识到还是旧人更好。同恋爱关系一样，人们对待疗法和治疗师也是如此。

这样一种选择。但是，这真的是一个很重要的选择，也是最奇妙的选择。

这些年来，有很多人参加了我的实践和心理治疗小组，短短几个疗程后或在治疗结束时，他们说："要是我早知道这种疗法就好了。"

尽管理性情绪行为疗法自1950年代中期以来就出现了，尽管关于该主题的书已经出版了不少，但仍有很多人告诉我说："要是我早几年知道这种疗法就好了。那样的话，我的生活一定会很不一样。"

如果你已经读过这本书，那么你就已经了解了理性情绪行为疗法，你可以将这份知识传递给你的朋友。你或者朋友们在寻找最适合自己的疗法时，不妨也咨询一下有关它的信息；你不仅可以询问你的治疗师是否具备"认知行为疗法"的技能，还可以问他会不会使用理性情绪行为疗法。你也可以询问自己的医疗保健师是否可以提供理性情绪行为疗法，或者当地的国家医疗服务体系中是否包括理性情绪行为疗法。为你自己学习这种疗法甚至也会让你充满力量。没有什么比知识和有所选择更让人放心的了。并不是每个选择学习认知行为疗法的人都知道理性情绪行为疗法，或者知道这是认知行为疗法的一种模式。

也许你想将理性情绪行为疗法选为自己的疗法，但并不是每个理性情绪行为疗法治疗师都会给自己打广告，你可以访问"理性情绪行为疗法治疗师协会（AREBT）"或"英国行为与认知心理疗法协会（BABCP）"来查找你附近的理性情绪行为疗法治疗师。

如果你想自学这个专业,无论是想将其作为自救的方式,还是想了解如何凭自己的学习和努力成为一名理性情绪行为疗法治疗师,我都会向你推荐认知行为疗法学院(CCBT),它在伦敦和巴斯(在英格兰西南部)均开设课程,另外,伯明翰大学也设有理性情绪行为疗法中心,它是纽约阿尔伯特·艾利斯研究所(理性情绪行为疗法的国际总部)的英国分支机构。此外,伦敦的压力管理中心也获批开设了一系列出色的课程。

就解决压力而言,理性情绪行为疗法的有效性令人叹为观止。它不仅能有效处理具体问题,而且会让你以全新的方式看待生活。

但是,当涉及某些令人讨厌的具体问题时,人们总是问:"这需要多少个疗程呢?"而且,当我说到"你需要六个疗程"时,他们几乎总是惊呼:"什么?真的吗?六个疗程?"

答案是肯定的。

如果你有一个特定的问题,答案就是肯定的;如果你有动力并努力配合该过程,那么答案也是肯定的;如果你尽己所能来完成各项任务,那么答案还是肯定的。

实际上,当我在伦敦行医时,人们非常专注于快速复原,我所见到的大多数人只参加了六个疗程。在伦敦,对于一名自己开设诊疗室的理性情绪行为疗法治疗师来说,最困难的是在老患者迅速结束治疗后,如何寻找新的患者。

我们可以飞速取得良好的治疗效果,不仅要通过心理健康的 ABCDE 模型,而且要通过本书中的所有练习(以及其他类似练习)。

我非常乐意指出的是，如此迅速有效地帮助患者的疗法叫作"理性情绪行为疗法"。

对我来说，这几个字代表着治疗的过程，也代表着治疗的类型。与 ABCDE 模型中每个字母都代表了某些含义一样，这里的每个字背后也有其深刻意义。

人们之所以来接受治疗，是因为他们不够理性。他们用自己不喜欢却似乎无法改变的方式进行思考、感受和行动。用术语来表述就是"神经官能症"，意味着他们患有相对轻度的精神疾病，但并非由任何器质性疾病所引起。这些人也被称为"杞人忧天"，不过该词本身严重掩盖了患者所经历症状的猛烈性。但是，按照定义，这也意味着患者通常并未与现实失去联系。这与"精神病"是完全不同的。精神病意味着某人患有严重的精神障碍，思想和情感受到损害，以致他们确实与现实失去了联系。

人们来治疗的时候是非理性的，看上去忧心忡忡。作为理性情绪行为疗法治疗师，我们首先要做的就是让他们回归理性。我们教会患者分析和挑战自己思想的正确性。然后，让他们使用更多的情绪技巧来破坏不合理信念，建立对合理信念的信任度。当这种信任度足够高时，他们就需要在余生中尽可能地保持这些合理信念。只有根据合理信念反复实践和行动，我们才能实现治疗目标。

并非所有的治疗师都会设定目标，因为并非所有的治疗都是目标导向的。但是请记住，从本质上讲，人们做事通常会有明确目标，因此，疗法能够提供治疗目标和结果是十分有意义的。[1]

我希望这本书对你有所帮助。

多年前，我的目标是不要对拥挤人群中碰到我的人大喊大叫、赌咒发誓或发出野兽般的低吼。这个任务或多或少地完成了。因为，用一句流行语来说就是："妈妈再也不用担心我朝着别人大吼大叫了。"

除非你故意惹我。

---

[1] 如果不设定一个目标的话，人们常常会觉得无所适从和枯燥乏味。

致　谢

对于所有就理性情绪行为疗法为我授业解惑的老师们，我深表感谢。主要是因为我对这一疗法爱得深沉。间接授业恩师有该学科的创始者阿尔伯特·艾利斯，而直接授业恩师有认知行为疗法学院的联合创始人艾维·约瑟夫（他在进行认知行为催眠疗法课程时，首次向我介绍了这个专业），以及我在伦敦大学金史密斯学院攻读硕士学位时的温迪·德莱顿教授（也曾教过艾维）和黎娜·布兰奇教授——这三位恩师是我的卢克·天行者的三个尤达[1]，他们共同教会了我有关理性情绪行为疗法的结构、过程和个中奥妙。本书中对标准理论的一些稍微离经叛道的延展和阐释是我的个人观点，请大家谅解！

我也要感谢我的经纪人罗伯特·格温·帕尔默（感谢他出色的经纪工作）、苏珊娜·阿伯特（感谢她对本书的认可），以及艾玛·欧文、凯特·莱瑟姆和企鹅兰登书屋的所有人，是他们让这本书得以问世。

---

[1] 卢克·天行者与尤达皆为《星球大战》(Star Wars) 系列作品中的重要人物，两者为师徒关系，尤达对卢克的成长起到了关键作用。——译注

资 源

College of Cognitive Behavioural Therapies (CCBT)

www.cbttherapies.org.uk

Association of Rational Emotive Behavioural Therapy (AREBT)

www.arebt.eu

British Association for Behavioural & Cognitive Psychotherapies (BABCP)

www.babcp.com

Centre for Stress Management (CSM)

www.managingstress.com

Centre for Rational Emotive Behaviour Therapy – University of Birmingham

www.birmingham.ac.uk

Albert Ellis Institute

www.albertellis.org

延伸阅读

Dryden, Windy, Reason to Change: A Rational Emotive Behaviour Therapy Workbook, (2001, Routledge)

Dryden, Windy, Ten Steps to Positive Living: New Edition, (2014, Sheldon Press)

Ellis, Albert, How to Make Yourself Happy and Remarkably Less Disturbable, (New edition 1999, Impact)

Ellis, Albert, How to Stubbornly Refuse to Make Yourself Miserable: About Anything – Yes, Anything! (New edition 2019, Robinson)

Joseph, Avy & Chapman, Maggie, Confidence and Success with CBT: Small Steps to Achieve Your Big Goals with Cognitive Behaviour Therapy (2013, Capstone)

Joseph, Avy & Chapman, Maggie, Visual CBT: Using Pictures to Help you Apply Cognitive Behaviour Therapy, (2013, Capstone)

青豆读享 阅读服务

帮你读好一本书

《你为何总被情绪左右》阅读服务：

☆ **概念解析**　快速了解本书核心概念——理性情绪行为疗法（REBT）。

☆ **原理透视**　ABC 模型：你的情绪究竟从何而来？

☆ **练一练**　在这些生活场景中，你能准确识别 ABC 模型吗？

☆ **实用工具**　六周情绪练习记录手册。

☆ **阅读拓展**　这些电影和歌曲，帮你把理性信念深植于心。

☆ **话题互动**　快来看看，本书的书友们在讨论些什么吧！

☆ ……

每一本书，都是一个小宇宙。

扫码使用配套阅读服务